2013

Verlag Podszun-Motorbücher GmbH
Elisabethstraße 23-25, D-59929 Brilon
Internet: www.podszun-verlag.de
Email: info@podszun-verlag.de

Herstellung Druckhaus Cramer, Greven

ISBN 978-3-86133-697-6

Jahrbuch ²⁰¹⁴ Lokomotiven

Liebe Leserin, lieber Leser!

Zum 13. Mal erscheint das Jahrbuch Lokomotiven. Wir freuen uns, Ihnen wieder interessante Themen rund um Ihr Hobby anbieten zu können. Dank gilt an dieser Stelle allen Autoren und Bildgebern, die in den letzten Wochen und Monaten mit Engagement und einer Menge Zeitaufwand gearbeitet haben, damit dieses Jahrbuch rechtzeitig zur Frankfurter Buchmesse erscheinen kann. Übrigens: Abbildungen, die nicht namentlich gekennzeichnet sind, wurden jeweils von den Verfassern der Artikel zur Verfügung gestellt.

Dank gilt auch Ihnen, liebe Leserin, lieber Leser, für die Zuschriften oder Telefonate, in denen Sie Kritik äußerten und Anregungen lieferten. Wir freuen uns auf den Kontakt mit Ihnen und sind gerne bereit, Ihre Wünsche zu berücksichtigen.

Viel Vergnügen mit dem Jahrbuch. Das nächste Jahrbuch Lokomotiven, die Ausgabe 2015, ist ab Oktober 2014 erhältlich.

Ihr Redaktionsteam „Jahrbuch Lokomotiven"

P.S.

Sie können das Jahrbuch in Buchhandlungen oder direkt beim Verlag abonnieren.
Von den Ausgaben 2002 bis 2013 sind noch Restexemplare lieferbar. Fordern Sie kostenlos
und völlig unverbindlich unser Gesamtverzeichnis an mit Büchern über Autos, Motorräder, Lastwagen
Schwertransporte, Baumaschinen, Traktoren, Lokomotiven und Feuerwehrfahrzeuge:
Verlag Podszun-Motorbücher GmbH
Elisabethstraße 23-25, D-59929 Brilon, Telefon 02961/53213, Fax 02961/2508
Email: info@podszun-verlag.de, Internet: www.podszun-verlag.de

Rolf Hahmann

Dampflok-Baureihe 78

Rückwärts: Keine darf schneller

Der versierte Eisenbahnkenner wird dieser Überschrift widersprechen. Gab es doch die beiden Prototypen, Baureihe 61 der Deutschen Reichsbahn, des Henschel-Wegmann-Zuges mit Stromlinienverkleidung 1935 und 1939. Einen Doppelstockzug mit Stromlinienverkleidung von Lok und Wagen hatte die Lübeck-Büchener Eisenbahn 1936 zwischen Lübeck und Hamburg in Betrieb genommen, Höchstgeschwindigkeit in beiden Fahrtrichtungen: 120 km/h. Durch Krieg und aufkommende Dieseltriebwagen blieb der Dampfschnellverkehr im Deutschen Eisenbahnverkehr nur eine kurze Episode.

Über 60 Jahre lang war die Baureihe 78, ehemalige T18 der Preußischen Staatsbahn, die schnellste Dampflok bei Rückwärtsfahrt. Schlepptender-Lokomotiven, die einen mehrachsigen Vorratswagen mit sich führten, durften rückwärts maximal 85 km/h fahren. Ein vorausfahrender Tender beeinträchtigte die Sicht des Lokpersonals und bei höheren Geschwindigkeiten die sichere Gleisführung.

Das Drehen von Dampflokomotiven, um sie wieder vorwärts vor den Wagenzug spannen zu können, war eine zeitraubende Aktion. Die Lösung war die Konstruktion von Tenderlokomotiven, bei denen also die nötigen Vorräte, Kohle und Wasser, im und auf dem Lokrahmen untergebracht wurden. Meistens war die Kohle hinter der Führerhaus-Rückwand gelagert. Der Heizer musste ja das Feuer bestücken können. Wasser hatte man vorwiegend in seitlich dem Kessel angebrachten Wasserbehältern mitgeführt. So hatte die Preußische Staatsbahn (KPEV) nun zu ihren Schlepptender-Baureihen teilweise adäquate Tenderlokomotiven konstruieren lassen. Um nicht hinten eine Überlast zu bekommen, wurde mitunter die Kessellänge gekürzt.

Zur pr. G3, Achsfolge C, also nur drei Kuppelachsen, spätere Baureihe 53, wurde die pr. T3, Reichsbahn-Baureihe 89.70 konstruiert, zur pr. G5, Achsfolge 1'C, Reichsbahn-Baureihe 54, gab es die T9.

Sie war die erste T18, als Stettin 8401 am 17. Juni 1912 von der Königlich Preußischen Eisenbahnverwaltung abgenommen und auf der Insel Rügen eingesetzt. Bereits als 78 001 bezeichnet kam sie nach 20 Jahren an den Rhein, weitere 20 Jahre danach in die Bundesbahndirektion Hamburg, wo sie im Oktober 1962 in Lübeck angetroffen wurde

Stettin 8407 gehörte zur ersten T18-Lieferung auf die Insel Rügen. Als 78 007 bezeichnete sie die Deutsche Reichsbahn. Nach dem Krieg fand man sie im Direktionsbezirk Hamburg wieder. 1960 kam sie zum Bw Wesel. Hier sieht man sie ohne Schornsteinaufsatz im November 1962 in Duisburg Hbf. Die ersten T18 wurden ohne Schornsteinaufsatz geliefert. Doch hier wurde er entfernt wegen des grenzüberschreitenden Verkehrs in die Niederlande. Dort gilt ein engeres Lichtraumprofil als bei der Bundesbahn. Die Vorserienloks hatten auf der Lokführerseite ein kleines rückwärtiges Fenster im Führerhaus

Die spätere 78 013 wurde 1914 in die KED Mainz geliefert und als Mainz 8403 bezeichnet. 30 Jahre blieb sie dort. Ihr Runddach hatte sie noch, als sie im August 1962 in Ennepetal einen Halt einlegte, um zurück ins Heimat-Bw Hagen-Eckesey zu fahren

Für hochwertige Reisezüge waren zur Jahrhundertwende keine geeigneten Dampflokomotiven in Preußen vorhanden. Entweder waren sie zu schwach (nur zwei Kuppelachsen) oder zu langsam. Die Berliner Maschinenfabrik (BMAG), vormals Schwartzkopff, bekam 1905 den Auftrag, eine Lokomotive zu konstruieren, die den gestiegenen Anforderungen gewachsen war. Schon Mitte 1906 war die erste als P8 bezeichnete Lok fertiggestellt. Ein voller Erfolg! Mit ihren zulässigen 100 km/h auf Vorwärtsfahrt wurde sie als Personenzug-Lokomotive eingestuft. Umfangreiche Probefahrten waren nicht vorgesehen, da man weitgehend bewährte Konstruktionen verwendet hatte. Im Laufe der Jahre änderte sich das Erscheinungsbild mehrfach, was man besonders deutlich an den Kesselaufbauten oder den unterschiedlichen Tendern festmachen konnte.

Die Eisenbahndirektion (KED) Mainz mit den nur 41 Kilometer auseinanderliegenden Kopfbahnhöfen Frankfurt und Wiesbaden suchte nach einer passenden Tenderlok, um das lästige Wenden der Schlepptenderlok zu vermeiden. Bei vorhandenen Tenderlokomotiven anderer Bahnverwaltungen wurde man nicht fündig. Entweder waren diese vorhandenen Typen zu schwach oder zu langsam. Die Firma Borsig in Berlin baute 1909 eine Tenderlok mit der Achsfolge 2'C, wie sie die bewährte P8 hatte. Bis 1912 wurden zwölf als pr.T10 (DR/DB-Baureihe 76) bezeichnete Lokomotiven an die KED Mainz geliefert. Zugkraft und Geschwindigkeit entsprachen den Erwartungen. Die bei Rückwärtsfahrt führende dritte Kuppelachse mit ihren 1,75 m Durchmesser war allerdings bei hoher Geschwindigkeit ein Risiko. Unfälle in Form von Entgleisungen kamen vor. Möglicherweise drehte das Lokpersonal die Lok für die Fahrt zurück. Und genau das hatte man vermeiden wollen.

Nicht nur bei der KED Mainz hoffte man auf Abhilfe durch eine neue Lok-Konstruktion. Auch auf der Insel Rügen, wo die 1'C-Tenderloks T12, die spätere Baureihe 74, für die gestiegenen Aufgaben im Fährverkehr zu schwach waren, benötigte man eine leistungsstarke Tenderlok mit genügend Zugkraft, Geschwindigkeit und Platz für Vorräte. Ihre vornehmliche Aufgabe sollte der Verschub der schweren Schnellzüge von und nach Berlin zu den Eisenbahnfähren sein.

War es nun die Nähe zur Insel Rügen, dass die in der Nähe ansässige Lokomotivfabrik Vulcan in Stettin den Auftrag für den Bau einer Tenderlok mit der Achsfolge 2'C2 bekam? Denn so hatte der Lokomotiv-Ausschuss im November 1911 entschieden. Es sollte den erhöhten Anforderungen Genüge getan werden. Von einer Serienfertigung war keine Rede. Das lag nicht zuletzt an den extrem hohen Kosten für den Bau dieser aufwändigen Maschine. Mit 104 000 Goldmark war sie zu der Zeit die teuerste Tenderlok der KPEV.

Für eine Personenzug-Tenderlokomotive hatte sie beträchtliche Ausmaße. Schon das symmetrisch angeordnete Triebwerk mit sieben Achsen erforderte eine Länge von 14,80 m bei einem Betriebsgewicht von 100 t, mit vollen Vorratsspeichern 105 t. Die Achslast betrug 17 t auf den Treibrädern und hatte damit ein Reibungsgewicht von 51 t. Bei hoher Geschwindigkeit erreichte diese Lok aber nicht ganz die Werte der P8.

Mit den Fabriknummern 2753 bis 2762 wurden 1912 die zehn Maschinen mit der pr. Staatsbahnbezeichnung Stettin 8401 bis 8410, spätere Reichsbahnnummern 78 001 bis 78 010, geliefert. Die Stettin 8401 bekam die Betriebsgenehmigung am 17. Juni 1912 vom Zentralamt in Berlin-Grunewald, nachdem sie ihre Abnahmefahrt nach Wannsee ohne Beanstandungen absolviert hatte. Bei den ersten Probefahrten von Berlin aus, einschließlich der des Lokausschusses im Juli 1912, erwies sich die T18 als eine gelungene Konstruktion. Probefahrten mit den zehn T18 wurden auf Rügen ab Oktober 1912 durchgeführt. Selbst Schnellzüge vom Berlin-Stettiner Bahnhof nach Stralsund wurden zu Planleistungen der T18.

Wegen der Schwierigkeiten in der KED Mainz mit den T10-Loks wurden 1914 neun weitere T18 mit der Bezeichnung Mainz 8401 bis 8409 dorthin geliefert und dem Bw Wiesbaden zugeteilt. Vergleiche mit der T10 zeigten nicht nur bessere Laufeigenschaften und Leistungen, sondern auch einen geringeren Verbrauch an Kohle und Wasser.

Es kam nun doch zur Serienfertigung, die, bedingt durch den Ersten Weltkrieg, etwas schleppend anlief. Immerhin waren bei Kriegsende über 100 T18 von Vulcan geliefert worden. Saarbrücken, Breslau, Frankfurt, Erfurt, Trier, Essen und Köln waren auch mit der T18 bedacht worden. Nicht nur an die Preußische Staatsbahn wurde die T18 geliefert, auch 27 Maschinen in den Elsass und 20 an die 1919 noch selbstständige Württembergische Staatsbahn. Ab 1922 stieg auch die Firma Henschel & Sohn, Kassel, in die Produktion der T18 ein. Sie lieferte 19 Maschinen mit der Bezeichnung Essen 8926 bis 8944, spätere 78 351 bis 78 369, jedoch nicht in diese Direktion. Nachweislich kamen die späteren 78 364 bis 78 369 in die Direktion Elberfeld, später Wuppertal, zu den Bahnbetriebswerken Schwerte und Kreuztal.

Henschel lieferte 1927 acht Maschinen an die Bagdadbahn (TCDD) und später zwei an die Eutin-Lübecker Eisenbahn. Hanomag und Soc. Franco-Belge waren mit je drei Loks für das Saarland am Bau der T18 beteiligt.

Die Erstzuweisungen der neuen T18 waren offensichtlich gut überlegt, denn große Verschiebungen zwischen den Direktionen gab es zunächst nicht, wohl innerhalb der Bahnbetriebswerke. Nimmt man beispielhaft die oben genannten nach Wuppertal gelieferten Henschelloks: Lok 78 367 kam im Mai 1964 nach Aalen, die anderen waren noch in Betriebswerken der Direktion. Die Aufnahme des elektrischen Betriebes und des Baues der verstärkten V100, die auch im Mittelgebirgsraum den Anforderungen gerecht wurde, machten die BR 78 hier flächendeckend entbehrlich.

Übrigens kann man feststellen, dass besonders in Ballungsgebieten mit oft kurzen Hauptstrecken, lebhaftem Berufsverkehr und engen Zugfolgen die T18 mit guter Beschleunigung und hoher Vor- und Rückwärtsgeschwindigkeit die ideale Lokomotive war. In den 1930er Jahren und auch nach dem Krieg waren im Hamburger Raum rund 50 78er beheimatet, 1954 sogar 77. Der Frankfurter Raum zählte rund 60 78er. Im Rhein-Ruhr-Raum bis nach Westfalen, mit den Direktionen Köln, Essen, Wuppertal und Münster, waren ab Ende der 1920er Jahre bis Anfang der 1960er Jahre knapp 40 % des Gesamtbestandes vertreten. Essen, im Zentrum, hatte alleine circa 90 Maschinen auf seine Bahnbetriebswerke verteilt. Am 29. Mai 1964 wurde auf knapp 250 Streckenkilometern in NRW der elektrische Betrieb aufgenommen. Das war bis auf wenige Einsätze das Aus für die BR 78 in diesem Gebiet.

Viele Lokomotiven wurden abgestellt oder anderen Bahnbetriebswerken zugeteilt, wo sie, besonders im Raum Stuttgart, die jüngeren Einheitslokomotiven der Baureihe 64 ablösten. Auch in den 1950er Jahren gab es diese Verdrängung jüngerer Lokomotiven durch die BR 78, zum Beispiel in Dortmund, Euskirchen und Mönchengladbach; sogar die unbefriedigend im Bergischen Land eingesetzte Einheitslok-Baureihe 62 mit gleicher Achsfolge und höherer Zugkraft musste der 78er weichen.

Das Drehen der Lokomotive für die Rückfahrt war nun nicht mehr nötig. Ein Umfahren der abgestellten Wagenreihe auf dem Nachbargleis - und nach knapp zehn Minuten konnte es schon wieder zurück oder zu einer weiteren Zugfahrt kommen. Die gut bemessenen Vorräte erlaubten auf kurzen Strecken sogar ein mehrfaches Hin und Her.

In den 1950er Jahren erinnerte man sich bei der Deutschen Bundesbahn an die Vorkriegserfahrungen mit geschobenen Doppelstockzügen bei der Lübeck-Büchener Eisenbahn, mit Steuerwagen und Dampflokomotive hinten. Dabei saß der Lokführer im Steuerwagen, konnte bremsen und über eine Steuerleitung elektrisch den Regler auf der Lok bedienen. Der Heizer auf der Lok, der für Feuer und Kessel zuständig war, konnte akustisch erreicht werden. Im Raum Wuppertal hatte man sogar Bi-wagen (Donnerbüchsen) zu Steuerwagen umfunktioniert. Im Neubauprogramm der 1950er Jahre der DB kamen die vierachsigen Reisezugwagen mit Mittel- und Endeinstieg auf. Solche Wagen wurden mit Gepäckraum und anschließendem Steuerabteil gebaut. Auch die folgende Silberling- Generation hatte Steuerwagen.

Am Ziel angekommen, wechselte der Lokführer von der Lok zum Steuerwagen oder umgekehrt, Bremsprobe, und der Zug war wieder einsatzbereit. Allerdings mussten die dafür vorgesehenen Lokomotiven mit der erforderlichen Automatik ausgerüstet sein und galten als „wendezugfähig". 1963, also noch zur Hochzeit dieses Betriebes, hatte das Bw Wuppertal-Vohwinkel 22 wendezugfähige 78er.

Sichtbare Veränderungen bei den 1968 noch circa 50 betriebsfähigen 78ern waren das neue Nummernsystem, wo sie als Baureihe 078 eingestuft wurde, und der Einbau der Indusi. Nur noch die Bahnbetriebswerke Hamburg-Altona, Aalen, Schweinfurt, Dillingen/Saar und St. Wendel hatten 078er.

Die nachfolgende farbige Bilddokumentation soll an die letzten Jahre dieser erfolgreichen Dampftenderlokomotive aus der Länderbahnzeit erinnern. Sie war nicht nur die rückwärts schnellste aus dieser Zeit, sondern 1974 die letzte aktive Tenderlokomotive.

Anmerkung: Einige Daten sind entnommen den Büchern „Porträt einer Lokomotivgattung, Die Baureihe 78" von W. H. Busch, 1971 Röhr-Verlag, Krefeld und „Die Baureihe 78", von Ebel, Knipping, Wenzel, 1990 EK-Verlag, Freiburg.

3. Lieferung 1916: Als Mainz 8414 wurde sie 1916 an die KED Mainz geliefert. Als 78 067 mit Runddach steht sie im November 1962 in ihrem Heimatort Schweinfurt vor einem Personenzug nach Bad Kissingen

78 055 vom Bw Essen mit P3917 bei der EinfahrtHagen Hbf im Juni 1963. Essen 8401 war ihre Bezeichnung bei Lieferung 1916. Das Runddach hat sie noch

78 165 wurde 1919 an die Württembergische Staatsbahn geliefert. Sie erhielt die Bezeichnung Würzburg 1140. Immer in Bayern zu Hause, trifft man sie hier im Mai 1966 im Münchener Hbf an

78 300 wurde 1919 mit der Bezeichnung Saar 8418 in Dienst gestellt. Erst 1967 verließ sie das Saarland und blieb die letzten Jahre, wie hier im Juni 1968, beim Bw Aalen

78 293 wurde 1914 unter der Fabrik-Nr. 2974 bei Vulcan, Stettin gebaut, als elfte T18 an die Saarbahnen geliefert und am 29. Januar 1915 abgenommen. Nach 54 Jahren ist sie immer noch aktiv, wie das Foto in Aalen vom Juni 1968 beweist ...

... Zwischen Dampfdom und dem runden Sanddom befindet sich der Speisedom auf dem Kesselscheitel. Zwei Jahre vergingen noch bis zu ihrer Abstellung

78 023 stammt aus dem Baujahr 1914 und wurde als Frankfurt 8402 dem Betriebswerk Frankfurt/ Main 3 zugewiesen. Somit dürfte sie vorwiegend für die Kurzstrecke nach Wiesbaden eingesetzt worden sein. 1927 wechselte sie schon zum Bw Schweinfurt und blieb 40 Jahre bis zur Ausmusterung hier. Sie hatte einen Tauschkessel der Übergangsbauart 1921 bekommen mit Speisewasserventilen vor dem zurückversetzten Dampfdom. Wasserreiniger und Abschlammventil befanden sich am Langkesselboden. Im Januar 1963 wurde sie in ihrem Heimat-Bw angetroffen

78 366 wurde von Henschel 1923 unter der Fabrik-Nr 19707 gebaut.Sie gehörte zu den letzten vier Loks, die am 14. April 1923 abgenommen wurden und noch die preußischen Bezeichnungen Essen 8941 bis 8944 bekamen. An die Direktion Elberfeld geliefert, blieb sie bis zur Ausmusterung dort. Vorliegendes Bild entstand im April 1963 in der Zufahrt ihres Bw Hagen-Eckesey. Scheibenlaufräder mit einem Meter Durchmesser kennt man von den 03.10-Lokomotiven. Damit wurde hier das vordere Drehgestell ausgerüstet

Die endgültige Bauform ab 1922 hat drei Aufbauten auf dem Kesselscheitel: Dampfdom, Speisedom mit Speisewasserreiniger und eckigen Sandkasten. So wurde die Essen 8483 1922 gebaut und in die Direktion Essen auch geliefert. Bis 1967 hatte sie diese Direktion nicht verlassen. Als 78 256 konnte sie der Fotograf im Juni 1968 in Aalen im Bild festhalten

1922 als Essen 8484 geliefert, hatte sie die Direktion bis 1967 nicht verlassen. Im Juli 1967 konnte sie im Bw Hamburg-Altona auf der Doppeldrehscheibe als 78 257 fotografiert werden

78 358 wurde 1923 von Henschel gebaut. Lange Zeit in Hanau kam sie 1961 nach Aalen. Im März 1967 tankt sie in Crailsheim Wasser für die Rückfahrt

78 501 war von Anfang an im Gebiet der späteren DDR beheimatet. Als sie 1969 in Zossen mit einem Personenzug fotografiert wurde, hatte sie Witte-Windleitbleche

78 246 bekommt im März 1974 Kohle im Heimat-Bw Rottweil. 78 246 bekommt im März 1974 Wasser im Heimat-Bw Rottweil. Im selben Jahr schied sie als letzte T18 nach 53 Jahren aus

078 234-2 beim Wasserfassen 1970 in ihrem Heimat-Bw Aalen. Der Lokführer kontrolliert die Stangenlager. Der Kohletender wurde noch um wenige Zentimeter aufgestockt

078 235-9, im April im Heimat-Bw Aalen, ist die ursprüngliche Essen 8462 von 1921, die erst nach 45 Dienstjahren den Bereich Essen, zuletzt Bw Paderborn, verließ

078 410-8 im Dezember 1970 in ihrem Heimat-Bw Rottweil. Nachdem die Vorräte ergänzt wurden, geht es zur Nachtruhe in den Lokschuppen

78 474 fährt vom Lokschuppen des Bw Aalen im Juni 1968 auf die Drehscheibe, um zum Einsatzort zu fahren

78 323 von vorn, 78 453 von hinten, werden im April 1969 in ihrem Heimat-Bw Aalen für die nächsten Dienste vorbereitet. Die neue Computernummer hatten beide erst recht spät bekommen

78 021 vom Bw Euskirchen wartet im Juni 1963 in Köln-Deutzerfeld auf die Rückleistung. Es bleibt nicht mehr lange Zeit, denn der Lichtraum des Lokschuppens wird bereits für Elektroloks vorbereitet

Im August 1960 warten 78 243 und 78 252 vom Bw Essen im Vorfeld des Bw Hagen-Eckesey auf die nächsten Einsätze zurück in das Heimat-Bw. Die Kasseler 01 080 daneben wartet auf die Weiterfahrt zum Hauptbahnhof, um den D397 nach Kassel übernehmen zu können. Im Hintergrund ist eine Lok der Baureihe 03.10 zu erkennen, die rückwärts fahrend Verstärkungswagen an den aus Frankfurt ankommenden D81 nach Düsseldorf bringen wird. Der D81 wird hier geteilt, wobei nur die vorderen drei Wagen nach Düsseldorf fahren. Der hintere Teil fährt als D281 nach Münster

078 062-7 vom Bw Aalen, hier im Juni 1968 in Aalen, hat kürzlich Indusi-Magnete bekommen. Wegen Platzmangels im Führerhaus war es notwendig, die Lokführerseite „auszubeulen"

Ihre mittlerweile seltenen Dienste führten 078 453-8 vom Bw Rottweil nach Freudenstadt, wo sie im Juli 1971 auf die Rücklei-stung wartet. Zu der Zeit war die Ausrüstung mit Indusi bei allen Streckenlokomotiven zwingend. Wie man sieht, bekam sie den Indusi-Magnet auch auf der Heizerseite für die Rückwärtsfahrt. Für Schlepptenderlokomotiven keine Selbstverständlichkeit

78 507 vom Bw Dortmund Bbf fährt mit dem Eilzug 4614 von Hamm nach Lüdenscheid im Mai 1963 aus dem Hagener Hbf aus. Die Bespannung rückwärts war hier nötig, um nach Kopfmachen in Brügge die Steigungsstrecke vorwärts bewältigen zu können

78 270 vom Bw Hagen-Eckesey mit dem morgendlichen Eilzug 4537 Lüdenscheid-Dortmund im Juni 1964 bei Hagen-Ambrock, wo die Bundesstraße 54 überquert wird

78 206 mit dem leeren Personenzug vom Abstellbahnhof zum Bahnhof Köln-Deutz neben den Gebäuden des Bw Köln-Deutzerfeld 1963

78 113 vom Bw Köln Bbf im Dezember 1962 in Köln Hbf

78 112 vom Bw Hagen-Eckesey bei Schwerte im April 1964 mit dem Zug 1640 von Hamm nach Düsseldorf. In Hagen fand der Lokwechsel auf eine Düsseldorfer 38er statt

78 461 vom Bw Aalen hatte im Mai 1964 bei Hüttlingen ihr Ziel fast erreicht

078 474-4 vom Bw Rottweil wartet 1969 in Tübingen auf Ausfahrt

78 385 kam zurück von Solingen mit einem Wendezug. Sie befindet sich hier im Juni 1964 bei Wuppertal-Barmen auf dem Ortsgleis nach Wuppertal-Vohwinkel, ihrem Zielbahnhof

78 228 unterquert 1964 mit einem Wendezug von Dortmund nach Iserlohn bei der Abzweigstelle Heide die noch nicht eröffnete Autobahn A1

78 048 im alten Ludwigshafener Kopfbahnhof mit einem Kranzug im Februar 1963. Der Umbau zum Durchgangsbahnhof an einer Stelle, wo nur Güterzüge verkehrten, beginnt bereits

78 170 macht sich in Köln-Deutz bei Gleiserneuerungsarbeiten nützlich. Die Ablösung in Form der rechts sichtbaren E41 hat ihr die angestammten Dienste abgenommen

078 459-5 vom Bw Aalen hatte Bereitschaftsdienst beim Hilfszug. Sie musste im August 1969 ausrücken, damit eine Entgleisung kurz vor Aalen behoben werden konnte

78 246 wendet im Oktober 1973 in Villingen, um eine Leistung zurück nach Rottweil zu übernehmen. Sie war die letzte aktive 78er und musste ihren Dienst nach über 50 Jahren quittieren

Udo Paulitz

Dampf-Ende im Ruhrgebiet

40 Jahre ist es her

Trotz des mittlerweile vollzogenen industriellen Strukturwandels steht das Ruhrgebiet noch immer für Steinkohlezechen, Kokereien, Eisenhütten, Walzwerke und Schwerindustrie. Doch von dieser Herrlichkeit ist heute nicht mehr viel übrig geblieben. Die überwiegende Zahl dieser einst so bedeutsamen Anlagen wurde stillgelegt. Im Jahr 2009 gab es in dieser Region nur noch vier fördernde Bergwerke, von denen nach neuestem Stand jetzt noch zwei betrieben werden. Nicht viel anders erging es den meisten

Unternehmen der Montanindustrie, von denen heute nur noch ein kläglicher Rest existiert. Die einst mächtige Friedrich Krupp AG, Symbol der deutschen Schwerindustrie, wurde bereits 1992 aufgelöst. Einkaufszentren, Freizeitparks, Wohngebiete, vereinzelt auch neue Industrieansiedlungen sind auf den ausgedehnten, planierten Flächen entstanden. Manche dieser Brachflächen hat sich die Natur schon zurückerobert. Auf den wie von selbst entstandenen Biotopen gedeiht eine reichhaltige Tier- und Pflanzenwelt, die durch den Menschen bislang kaum gestört wird.

Vor gut 40 Jahren war dieses ein wenig anders. Als sich die Förderräder noch drehten und die Schlote rauchten, da herrschte in dem zwischen Ruhr und Lippe gelegenen Revier, Kohlenpott oder einfach nur Ruhrgebiet genannten, stark industrialisierten Landstrich überall Leben und betriebsame Geschäftigkeit. Und auf dem scheinbar verworrenen Gewirr der zahllosen Schienenwege gab es Hochbetrieb bei Tag und Nacht.

Untrennbar eingebunden in dieses komplexe Industrierevier war die Dampflokomotive. Noch bis Mitte der 1970er Jahre konnte die Deutsche Bundesbahn – trotz moderner Traktionen – vor allem im schweren Güterzugdienst, im Programmverkehr, auf

044 660 und 044 556 am 28.2.1975 im Bw Gelsenkirchen-Bismarck beim Bekohlen und Löscheziehen

Die Lokomotive 044 556 unter der Bismarcker Großbekohlungsanlage

Lok 044 644 unter dem Wiegebunker in seitlicher Perspektive

Trotz Beendigung der Plandienste herrschte auch am 13.9.1975 im Bw Gelsenkirchen-Bismarck reger Dampfbetrieb. Hier werden gerade die Lokomotiven 044 644 und 044 385 mit frischem Brennstoff versorgt. Die Großbekohlungsanlage mit ihrem Wiegebunker stammt noch aus der Reichsbahnzeit

Nach dem Ergänzen der Kohlevorräte konnte die 044 143 einige Meter zum Löscheziehen vorfahren

stungen des Güterverkehrs im Ruhrgebiet. Vor allem der für moderne Traktionen unwirtschaftliche, oft mit langen Wartezeiten verbundene Einsatz auf kurzen Strecken und Stichbahnen gab der Dampflokomotive eine lange Überlebenschance. Denn für die Dampflokomotiven des Reviers gab es nur selten längere Durchläufe und Tagesleistungen von mehr als 200 Kilometer. Leerfahrten (Lz) kamen häufig vor, da oftmals keine Rückleistungen anfielen, Züge abgeholt werden mussten oder die Maschinen nach Beendigung ihrer Tätigkeit aufgrund der nur kurzen Entfernungen zurück ins heimatliche Bw fuhren.

Noch 1974 hatten beispielsweise die Bismarcker 44er Dortmund Rbf, Hamm Rbf, Marl-Sinsen und Haltern als planmäßige Wendebahnhöfe. Sie kamen nach Düsseldorf-Derendorf, Recklinghausen, Borken und nach Winterwijk (Niederlande), nach Neuss, Hohenbudberg und Hagen-Vorhalle. Außerplanmäßig liefen sie sogar bis Rheine im Emsland. Als Personaleinsatz-Bw dieser Maschinen fungierten neben der eigenen Dienststelle die Bahnbetriebswerke Wanne-Eickel und Oberhausen-Osterfeld Süd und bis zum Ende des Winterfahrplans 1974 bei Bedarf auch die Bw Dortmund Rbf und Duisburg-Wedau.

Wenn auch bei so mancher Fahrt, besonders zum Schluss, kaum von einem wirtschaftlichen Einsatz gesprochen werden konnte, hatten die Lokomotiven selbst noch in der Endphase des Dampfbetriebs Spitzenleistungen vor außergewöhnlich schweren Zügen zu erbringen, bei denen Maschine und Personal voll gefordert wurden. Dies galt vor allem für die schweren Dreizylinderloks des Bw Gelsenkirchen-Bismarck, die für die bis zu 2300 t schweren Erzzüge von Duisburg-Ruhrort-Hafen zur Henrichshütte nach Hattingen oder nach Dortmund-Eving, wobei der Hattinger Zug infolge der berüchtigten Steigung von Essen-Dellwig nach Essen-Borbeck nur selten ohne Vorspann- oder Schublok auskam. Bei manch anderen Zügen, wie bei dem unter Eisenbahnfreunden recht bekannten zwischen der Schachtanlage Westerholt und dem Stahlwerk Mannesmann in Duisburg-Wanheim verkehrenden Gag 58000 hatte die Baureihe 44 ebenfalls 2000 t und mehr am Haken. Studiert man die alten Buchfahrpläne der letzten Einsatzjahre, so stellt man überrascht fest, dass darin etliche 2000 t Ganzzüge – in Einzelfällen sogar solche mit bis zu 2200 t Gewicht – mit 70 bis 80 km/h Dauergeschwindigkeit über die längst nicht überall brettebenen Strecken des Ruhrgebiets zu schleppen hatten. Auf manchen Zechenanschlussbahnen, aber auch auf Hauptstrecken, waren

den meist nicht elektrifizierten Nord-Süd-Verbindungen und den vielen Zechenanschlüssen nicht auf ihre Dienste verzichten, obwohl Elektro- und Diesellokomotiven den damals schon anachronistischen Dampfbetrieb auf den Hauptbahnen immer mehr verdrängten. Fast zur gleichen Zeit befanden sich die Bahnbetriebswerke Duisburg-Wedau, Oberhausen-Osterfeld-Süd, Wanne-Eickel und Gelsenkirchen-Bismarck noch fest in der Hand der Dampftraktion. Eine große Baureihenvielfalt hingegen war damals schon nicht mehr gegeben, wenngleich einige 94er als Rangierloks der Bw Wanne-Eickel und Hamm ab und an noch gute Dienste leisteten. Ansonsten waren es praktisch nur die schweren dreizylindrigen Jumbos der Baureihe 44 und die allgegenwärtigen 50er, die damals im gesamten Revier Kohle-, Koks-, Erz- und Ölzüge von den Industrieanschlüssen zu den elektrifizierten Rangierbahnhöfen beförderten. Ebenso fand man sie vor Nahgüterzügen und Übergabeleistungen. Aber immer dann, wenn bei Lokausfall Not am Mann war, standen die Maschinen als Zugleitungsreserve oder für kurzfristig anfallende Dienste bereit. Sie bewältigten damit noch einen bedeutenden Anteil der Zuglei-

Eine weitere Ansicht der 044 143 während des Löscheziehens. Diese schmutzigen und zudem schlecht bezahlten Arbeiten waren wenig beliebt. Beachtenswert ist die völlig ungesicherte Löschegrube

die Steigungen so stark, dass selbst von der 44er nur wesentlich geringere Lasten bewältigt werden konnten. Derartige Spitzenleistungen waren bekanntlich nur mit einwandfrei instand gehaltenen Lokomotiven störungsfrei zu bewältigen!

Nicht viel anders erging es auch den in Osterfeld-Süd und Duisburg-Wedau stationieren Lokomotiven der Baureihe 50, die ebenfalls zum Ende ihrer Tage hart rangenommen wurden. Die Lokomotiven waren auf den Strecken im westlichen und zentralen Ruhrgebiet bis in den Raum Wuppertal im Einsatz zu finden, wobei den Wedauer Maschinen als attraktive Relation der Kalkverkehr in das Angertal nach Flandersbach zufiel. Die Osterfelder Loks kamen manchmal sogar bis Rheine, Osnabrück oder Paderborn, aber das waren schon seltene Ausnahmefälle. Meistens waren nur Kurzstrecken rund um den heimischen „Kirchturm" zurückzulegen, die manchmal aber nicht „von Pappe" waren. So war es kein Einzelfall, dass auf dem Abschnitt zwischen Duisburg-Ruhrort-Hafen und Dortmund-Eving Erzzüge statt der planmäßig vorgesehenen 44 mit einer Lok dieser Baureihe gefahren werden musste und dieser dann bis zu

2300 t Last zugemutet wurden. Und das sogar auf den von Schnellzügen befahrenen Hauptstrecken. Solche Züge durften nur mit einer durchgehenden „grünen Welle" verkehren. Da das Ingangsetzen nach einem Halt zu viel Zeit gekostet und die Strecke verstopft hätte, konnte es sich niemand leisten, den einmal rollenden Zug zum Halten zu bringen.

Eigentlich, so sollte man meinen, hätte dieser nicht nur vom Zugförderungsdienst her überaus interessante, sondern auch landschaftlich abwechslungsreiche Landstrich stets im Mittelpunkt des Interesses der Eisenbahnfreunde stehen müssen. Aber weit gefehlt, denn kaum eine andere Region im Bereich der DB wurde in der Eisenbahnfotografie derart sträflich vernachlässigt. Durchaus nachvollziehbare Gründe für dieses Verhalten gab es freilich schon. Das längst nicht überall zutreffende Vorurteil von der grauen Dunstglocke über dem tristen Grau der Städte und Industrieanlagen zwischen Ruhr und Lippe mag manchen, von beschaulichen Umgebungen verwöhnten Fotofreund, eher abgeschreckt haben. Hinzu kamen die vielen Strecken unter Fahrdraht, die keinesfalls zur Beliebtheit dieser Region beitrugen. Das

Während der Meister Kontroll- und Nachschauarbeiten an der Lokomotive 044 644 erledigt, ist ein Schuppenmann mit der Reinigung der Rauchkammer von Ruß und Flugasche, der sogenannten Lösche, beschäftigt

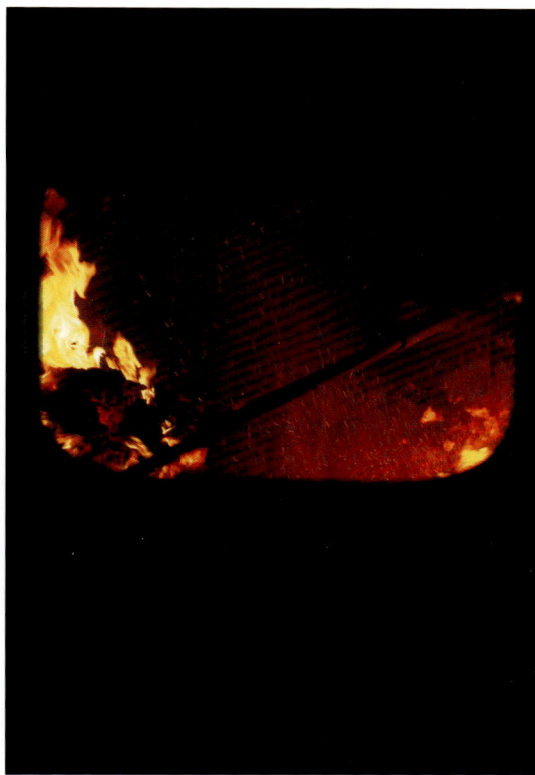

Die gleichen Arbeiten waren auch an der 044 556 zu verrichten. Bild rechts: Blick in das Feuerloch einer 044. Hier werden die auf dem Rost und im Aschkasten angesammelten Verbrennungsrückstände entfernt. Asche und Schlacke fielen unmittelbar in den mit Wasser gefüllten Kanal zwischen den Gleisen

unüberschaubare Gewirr der unzähligen Bahnstrek-ken ließ, anders als z. B. auf der schnurgeraden Emslandstrecke, an der man überdies kaum Züge verpassen konnte, jedem Ortsunkundigen die Chance, erfolgreich bei einem Dampfzug „zum Schuss" zu kommen, zu einem reinen Lotteriespiel werden. Vielen Fotografen ohne präzise Ortskenntnisse oder einen guten Draht zum Lokleiter brachten die Vielzahl der oft kurzfristig über wechselnde Strecken aus Zechen- und Industriebetrieben eingelegten Erz-, Kohle- oder Stahlzüge zur Verzweiflung. Daher blieb der Kohlenpott überwiegend ein Refugium für Ortsansässige und relativ wenige Eingeweihte, die sich in dem zu einer Riesenstadt zusammengewachsenen Revier gut auskannten. Ortsfremden blieben fast nur Besuche in den Bahnbetriebswerken übrig: die Strecken blieben ihnen meist verborgen.

Oftmals wurde der Fotoapparat erst dann zur Hand genommen, wenn es schon fast zu spät war. Leider widmete auch ich dieser Region, obwohl diese kaum weiter als 50 Kilometer von meinem damaligen Wohnort Neuss entfernt lag, erst dann etwas mehr

Ein Schuppenarbeiter öffnet mit einer langen Eisenstange die Aschkastenklappe von außen

Das Ausschlacken von Dampflokomotiven war besonders bei Dunkelheit ein reizvolles Schauspiel. Rechts: Ruhefeuer einer 044

Ein Anfang September 1975 entstandener Schnappschuss zeigt die 044 385 während des Bekohlens. Gut zu erkennen sind die Wiegeanzeigen der Anlage, denn über die Kohleverbräuche der einzelnen Lokomotiven wurde zur Dampflokzeit exakt Buch geführt. Sparsame Personale kamen in den Genuss von Kohleprämien

Beachtung, als die Vielfalt der Baureihen bereits der Geschichte angehörte und das Ende des Dampfbetriebs kurz bevorstand. Meine wenigen gelegentlichen Besuche galten überwiegend den Bahnbetriebswerken, in denen fast immer ein geschäftiges Treiben herrschte. Ging ich aber versuchsweise einmal an die Strecke, lief ohne gezielte Informationen und Ortskenntnisse kaum etwas und ich fühlte mich wie ein hungriger Löwe, der zwar ab und an seine Beute sah oder hörte, sie aber nur höchst selten zu fassen bekam.

Im Nachhinein muss ich mir leider den ernsthaften Vorwurf machen, mich nicht beizeiten und eingehender mit diesem Raum befasst zu haben. Denn die vielen Dampflokomotiven in den Betriebswerken standen sicherlich nicht nur zum Spaß herum, sondern mussten logischerweise auch irgendwo aktiv eingesetzt werden. Sicher hätte ich in den Lokleitungen zumindest Anhaltspunkte zu einigen Einsatzschwerpunkten bekommen können. Auf diese so naheliegende Idee bin ich damals nicht gekommen, aber wie sagt man so schön: Nachher ist man immer schlauer.

Erst im Frühjahr 1975 kam es zu einer überraschenden Wendung. Mein Freund Ulli Winterhoff war am Samstag, 1.3.1975, bei herrlichstem Vorfrühlingswetter einer mir nicht bekannten Information oder Intuition gefolgt und war das Wagnis eingegangen, den großen Rangierbahnhof Duisburg-Ruhrort-Hafen zu besuchen. Was er davon berichtete, riss mich geradezu vom Hocker. Er hatte in etwas mehr als sieben Stunden die fast unglaublich klingende Zahl von 60 Dampfzügen und Lz-Fahrten fotografieren können. Für diese einmalige Pioniertat musste ich ihm ein besonders dickes Lob aussprechen.

Dass im Kohlenpott in Bezug auf Dampf noch so einiges los sein würde, war mir wenige Tage zuvor nach ausgiebigen Besuchen der Bw Oberhausen-Osterfeld und Gelsenkirchen-Bismarck endlich klar geworden. Am 28.2.1975 hätte ich eigentlich die Schulbank zu meinem betriebswirtschaftlichen Studium drücken müssen. Da aber nur zwei Stunden Englisch auf dem Plan standen zog ich es vor, lieber ins Ruhrgebiet zu fahren, zumal sonniges Wetter herrschte. Den Englischunterricht konnte ich durch-

Mithilfe des Greiferkrans wird der Kohlebansen der Großbekohlungsanlage des Bw Bismarck aufgefüllt. Für die rund um die Uhr zu versorgenden Maschinen wurden täglich etwa 300 t Kohle benötigt. Rechts: Der Greiferkran hatte auch die Aufgabe, von Zeit zu Zeit den Schlackensumpf zu entleeren

Blick in den Lokschuppen auf die Lok 044 527

Auch in den letzten Wochen des Dampfbetriebs sorgten Rauch und Ruß im Rundschuppen des Bw Gelsenkirchen-Bismarck für die bekannte, unvergleichliche Dampflokatmosphäre. Hier sind die noch mit Frontschürzen ausgestatteten Lokomotiven 044 508 und 044 434 neben weiteren Maschinen unter Dampf abgestellt

aus verschmerzen. Wenn man so etwas nicht zu häufig machte, ohne deswegen aufzufallen, konnte man bei einem triftigen Grund – und dazu zählte selbstverständlich auch die Dampflokfotografie. hin und wieder dem Unterricht fernbleiben.

Zunächst fuhr ich – als damaliger Nichtautofahrer – mit dem Zug nach Osterfeld. Dort hielt ich mich den ganzen Vormittag auf. Ich erhielt eine kundige Begleitung in Form eines sehr freundlichen Lokführers, der darauf achten sollte, dass ich alle mich gefährdenden Dinge und Handlungen unterließ. Denn nachdem erst kurz zuvor ein unvorsichtiger Eisenbahnfreund mit der Fahrleitung in Berührung geraten war – was aus ihm nach dem Vorfall mit 15 000 Volt geworden ist, war leider nicht zu erfahren – war die Lokleitung angewiesen worden, Eisenbahnfreunde nicht mehr unbegleitet auf dem Bw-Gelände herumlaufen zu lassen. Aufpassen musste man allerdings schon in einem solch geschäftigen Bw wie Osterfeld, damit man nicht unter die Räder kam. Hier ging es richtig rund. Eine Maschine nach der anderen kam herein, wurde restauriert, fuhr in den Schuppen oder verließ das Gelände wieder, sodass die Kamera kaum zu einer Pause kam. Während meines etwa dreistündigen Aufenthalts waren es mehr als 15 Dampflokomotiven, überwiegend der Baureihe 50, die in Osterfeld mit weiteren annähernd 40 stationierten Exemplaren recht zahlreich vertreten waren. Bei meiner Begleitung erkundigte ich mich nach Zugverkehr und einigen befahrenen Strecken. Als eines der Zentren wurde mir Duisburg-Ruhrort-Hafen und die Gegend um Oberhausen-West genannt. Warum bloß hatte ich diese Frage nicht schon früher gestellt? Die Lokleitungen hätten mir sicherlich bereitwillig Auskunft gegeben.

Gegen 12:00 Uhr meinte ich, genügend Aufnahmen vom Bw Osterfeld gemacht zu haben. Ich verließ dieses Betriebswerk und setzte mich in den Zug in Richtung Gelsenkirchen-Bismarck. Obwohl dieses Bw nicht allzu weit entfernt lag, gab es dorthin leider keine direkte Verbindung. Also musste ich den Zug bis Gladbeck-West benutzen, dann zu Fuß durch die Stadt bis zum Bahnhof Gladbeck-Ost und von dort aus wieder mit dem Zug bis Gelsenkirchen-Zoo fahren, der Bismarck am nächsten gelegenen Bahnstation. Kein Wunder, dass ich bei dieser Superverbindung über zwei Stunden brauchte. In dieser Rekordzeit hätte man es fast ebenso schnell mit dem Fahrrad geschafft. Um wie vieles schneller wäre da ein Auto gewesen! Auch in Bismarck herrschte Hochbetrieb,

und bis gegen 16:30 Uhr waren es bestimmt zwölf Lokomotiven der Baureihe 44, die in diesem Bw mit seiner imposanten Großbekohlungsanlage mit Hochbunker versorgt wurden.

Am Ende des Tages hatte ich vier Dia- und sechs Super-8-Filme durch die Geräte gejagt. Außerdem war es mir gelungen, in Gelsenkirchen-Bismarck einen kompletten Schmalfilm mit allen Phasen der Lokbehandlung in einem Groß-Bw fertigzustellen. Jedenfalls hatte ich damit – zwar überaus spät, aber immerhin – das Ruhrgebiet als neues Dampfrevier entdeckt. Selbst wenn man nur einen halben Tag zur Verfügung hatte, war ein Besuch wegen der hohen Ausbeute und der kurzen Entfernung lohnenswert.

An den nächsten Wochenenden wollte ich in dieser Region unbedingt weiter fündig werden. Aber es war wie verhext: Schlechtes Wetter verhinderte weitere Erkundungen und Erfolge. Zudem häuften sich Klausuren und Referate vor den beginnenden Osterferien, die es nicht ratsam erscheinen ließen, den Unterricht zu schwänzen. Und die Osterferien waren für die Emslandstrecke und den Harz eingeplant.

Erst am Samstag, dem 03. Mai ging es in Begleitung meiner beiden zu Besuch weilenden australi-

Hochbetrieb herrschte am 3. Mai 1975 in Gelsenkirchen-Bismarck. Der Fahrplanwechsel gut drei Wochen später brachte aber große Einschränkungen für die Baureihe 44

Die noch gut in Farbe befindliche Lok 044 953 in einer Fotografie vom 11. Oktober 1975. Rechts im Bild der auf einem Stahlgerüst erbaute Wasserturm der Bauart Klönne

Die 044 954 vor dem Rundschuppen. Links im Bild ist die zur baldigen Ablösung angetretene Dieselkonkurrenz sichtbar

Diese am 28. Februar 1975 entstandene Abbildung zeigt die vor dem verräucherten Schuppen wartende 044 676

Am 3.5.1975 entstand dieses Portrait der 044 331, der ehemaligen 44 1331. Diese Maschine war nach Aufnahme des elektrischen Betriebs auf der Moselstrecke Koblenz-Trier überflüssig geworden und am 14.1.1974 vom Bw Ehrang nach Gelsenkirchen-Bismarck umstationiert worden

Die Loks 044 953 und 044 594 lassen sich von der herbstlichen Oktobersonne bescheinen

schen Dampflokfreunde Malcolm und Ian mit ihrem Mini-Cooper in Richtung Duisburg-Ruhrort-Hafen. Ulli hatte mir die Örtlichkeit genau beschrieben, sodass wir auf Anhieb unser Ziel fanden. Dort ergab sich folgende Situation: Der riesige Güterbahnhof war vom übrigen Bundesbahn-Streckennetz nur über eine eingleisige Kastenträgerbrücke zugänglich. Durch dieses Nadelöhr lief der gesamte Verkehr. Östlich daran anschließend befand sich ein großes Gleisdreieck und von Nord nach Süd verlief die mehrgleisige Hauptstrecke von Oberhausen in Richtung Duisburg-Wedau. Was aber das Beste war: Auf all diesen sich kreuzenden oder verzweigenden Strecken fuhren ständig Güterzüge, davon noch etwa 50 % mit Dampf, sodass man die Kamera ständig schussbereit und die Augen nach allen Richtungen hin offen halten musste. Innerhalb von nur einer Stunde hatten wir zwölf Dampfzüge im Kasten und die beiden Fans aus Australien waren gleich mir hellauf begeistert – ich als „Fremdenführer" war beruhigt. Trotz dieser Erfolge entschlossen wir uns, die Zelte an diesem Ort abzubrechen, da die beiden unbedingt noch die Bw Osterfeld und Bismarck besuchen wollten. Auch hier bekamen wir einen nachhaltigen Eindruck davon, dass selbst Mitte des Jahres 1975 die DB auf Dampflokomotiven noch nicht vollständig verzichten konnte.

Bis zum Beginn des Sommerfahrplans Ende Mai konnte ich noch vier Mal die Strecken um Ruhrort-Hafen und Oberhausen-West besuchen, leider fast ausnahmslos durch Fernbleiben vom Unterricht. Dabei war es von Vorteil, dass man nicht mehr wie früher in der Schule üblich, eine Entschuldigung der Mutter vorlegen musste – man durfte sich als mittlerweile Erwachsener diese selbst ausstellen. Manchmal aber ging es auch ohne dieses Schriftstück und man verdrückte sich einfach heimlich. So auch am Mittwoch, dem 7. Mai, als mir bereits um 09:00 Uhr eine erfolgreiche Absetzbewegung vom Schulunterricht gelang. Meinem Nebenmann, der von meiner unheilbaren Dampfkrankheit wusste, brauchte ich nur zu sagen: „Hans, Du weißt ja, wo ich bin!" Über Duisburg-Hbf musste ich mit dem Personenzug mit einmaligem Umsteigen bis zur Station Duisburg-Dümpten fahren, dann war man schon fast am Ziel. Das Ergebnis des Tages konnte sich durchaus sehen lassen: 51 Dampfzugfahrten bis 16:00 Uhr.

Eine Woche später ging es direkt nach Schulschluss wieder dorthin und ich konnte innerhalb von dreieinhalb Stunden die Ablichtung von weiteren 35 dampfgeführten Güterzügen und Lz vermelden.

Der Clou kam am Dienstag, 20. Mai, unmittelbar nach den Pfingsttagen, die ich ein letztes Mal der

Lokomotive 044 594 vor dem Bismarcker Rundschuppen im Oktober 1975

Schnellzugdampflok 012 in Rheine gewidmet hatte, deren Einsatzzeit zum Fahrplanwechsel leider endgültig zu Ende ging. Ich fuhr, da das Wetter beständig und schön zu werden schien, bereits in aller Frühe mit dem Zug nach Duisburg-Ruhrort-Hafen. Als ich aus Dümpten kommend dort um 07:50 Uhr eintraf, näherten sich bereits zwei Dampfzüge und der Stress ging los. Nur im Laufschritt und mit größter Mühe konnte ich beide Züge gerade noch fotografisch verarbeiten. So begann ich, an diesem Tag den nördlichen Abschnitt bis Oberhausen-West zu erkunden. Er versprach lohnend zu sein, da ein großer Teil der nach Duisburg-Ruhrort-Hafen bestimmten Güterzüge hier vorbeikam. Leider gab es etwas Ärger mit einem sehr pingeligen Stellwerksbeamten, der mich mit dem Hinweis „….. zwecks Vermeidung einer Betriebsgefahr" vom Bahngelände verwies, obwohl ich mich nur an dessen Rand bewegt und kein Gleis überschritten hatte. Froh, dass er keine Bahnpolizei alarmiert hatte, ließ ich mich auf keine Diskussion ein, ging einfach einige hundert Meter weiter, womit ich aus dem Sichtbereich des diensteifrigen Beamten gelangte, und setzte meine Tätigkeit ungehindert fort. Heutzutage hätte ich mir, in Zeiten des Zugbahn-

funks und anderer Kontroll- und Überwachungsmöglichkeiten, diesen faux-pas sicherlich nicht ungestraft erlauben dürfen. Erschwerend wäre hinzugekommen, dass ich dabei mit Sicherheit in keine der bei Eisenbahnfreunden heute so im Trend liegenden, neumodischen Warnwesten-Uniformen gekleidet gewesen wäre. Sei es drum, innerhalb von neun Stunden hatte ich die schier unglaublich klingende Zahl von 70 Dampfzugfahrten im Kasten.

Bereits am folgenden Tag war ich ab 11:00 Uhr wieder in diesem Revier. Ich blieb allerdings nur bis 15:30 Uhr, da sich das Wetter inzwischen verschlechtert und es zu regnen begonnen hatte. Trotzdem war die Ausbeute innerhalb dieser viereinhalb Stunden mit 28 von Dampfloks geführten Zügen nicht zu verachten.

Ich konnte nicht ahnen, dass dies mein letzter erfolgreicher Einsatz in diesem Raum sein sollte, denn Anfang Juni begann – wie in jedem Jahr – eine neue Fahrplanperiode. Und diese Wechsel bedeuteten für die von der Ausmusterung bedrohten Dampflokomotiven nur höchst selten etwas Gutes.

Der erste Fehlschlag war am Montag, dem 03. Juni 1975 zu verzeichnen. Trotz sehr schlechter Wet-

Kurz vor Toresschluss, im Mai 1977, wurden die vor der Drehscheibe abgestellten Maschinen 044 216, 044 360 und 044 215 fotografiert. Die an den Rauchkammertüren entfernten und durch die mittels Schablone aufgemalten Kreideaufschriften ersetzten Lokschilder deuten auf das nahe Ende hin

tervorhersage mit bedecktem Himmel, Westwind und häufigen Regenschauern fuhr ich in meinem grenzenlosen Optimismus auf Wetterbesserung nach Oberhausen. Leider aber erfüllten sich meine Hoffnungen keineswegs – ganz im Gegenteil – der Regen wurde stärker und hörte schließlich gar nicht mehr auf. Außerdem war es an den Strecken ganz verdächtig ruhig, zumindest was Dampfzüge anbelangte. Und diese wenigen Züge konnte ich infolge der Dunkelheit – der Belichtungsmesser zeigte bei meinem 15-DIN-Film weniger als 1/30 Sek. an – noch nicht einmal aufnehmen. Also blieb mir nur der Abbruch des Unternehmens.

Am 12. Juni – es war ein Mittwoch – aber klappte es! Das Wetter war hervorragend und ich hätte bereits um 10.45 Uhr meine fotografische Tätigkeit im Einsatzraum aufnehmen können – ja, wenn die entsprechenden Dampfzüge gekommen wären. Kaum eine Dampflok ließ sich sehen und wenn schon mal eine vorbeirollte, war es meist eine Lz-Fahrt, als wenn sie nur spazieren fahren würde. Das konnte kein Zufall mehr sein, denn ich sichtete einige Planzüge, die ich noch aus der früheren Fahrplanperiode in Erinnerung hatte und die jetzt von stinkenden Dieselloks gefahren wurden. Fazit: Es lief zwar noch etwas mit Dampf,

aber das war weitaus weniger als ein Viertel des früheren Verkehrs. Das Superergebnis dieses Tages: Ganze zehn Dampfzugfahrten, wovon noch sechs Lz waren – und das in fünf Stunden!

Der nächste Tag sah geringfügig besser aus. Zwischen 14:00 Uhr und 17:15 Uhr passierten immerhin zwölf Zugfahrten mit Dampfloks, darunter auch zwei schöne Kohlenzüge mit 44ern. Ein wenige Tage später erfolgter Besuch im Bw Duisburg-Wedau bestätigte leider meine Beobachtungen. Der neue Fahrplan hatte tatsächlich sehr starke Einschränkungen bei den Dampfbespannungen gebracht. Fast alle Dampfplanzüge waren durch Diesel ersetzt worden, da man davon scheinbar genug hatte.

Damit war für mich der Reiz dahin, denn das stundenlange, an Geduld und Nerven zehrende Warten auf die wenigen Dampfleistungen, von denen der größte Teil noch wenig ergiebige Lz-Fahrten waren, war nicht unbedingt meine Sache. Ich besuchte im Laufe des Sommers zwar noch das eine oder andere Mal den Duisburger Raum, wie zum Beispiel Anfang September Duisburg-Hochfeld. Dampfbetrieb aber war kaum noch zu sehen, sodass ich nach Beginn der witterungsmäßig unbeständigen Herbstjahreszeit die Fahrten dorthin einstellte.

Am 10.12.1976 präsentieren sich die Lokomotiven 044 434, 044 472 und 044 215 der Kamera, während sich links im Hintergrund bereits die Dieselablösung zeigt

Paradeaufstellung der Lokomotiven 044 654, 044 508 und 044 379 am 13. September 1975 vor dem Bismarcker Rundschuppen. Die 044 508 war – zumindest äußerlich – die Star-Lok des Bw

Damit war für mich persönlich der Großraum Ruhrgebiet in Sachen Dampf zwar weitgehend abgehakt, was aber in der Realität noch längst nicht sein endgültiges Ende bedeutete. Dieses sollte sich noch bis Ende Mai 1977 hinziehen. Mit dem Ende des Winterfahrplans 1974/75 am 31. Mai 1975 endete nicht nur der Plandienst der Baureihe 44 des Bw Gelsenkirchen-Bismarck, sondern auch der der Baureihe 50 in den Betriebswerken Oberhausen-Osterfeld-Süd und Wanne-Eickel. In Duisburg-Wedau wurde der Plandienst für die Baureihe 50 zum 1. Oktober 1975 eingestellt. Bereits zum 01. Oktober 1975 endete der komplette Dampfbetrieb in Osterfeld-Süd, Wanne-Eickel und auch beim Bw Hamm, in dem sich noch verhältnismäßig lange Lokomotiven der Baureihen 44, 50 und sogar der Reihe 94[5] hatten halten können. Die noch betriebsfähigen, nicht z-gestellten Lokomotiven dieser Dienststellen wurden entweder nach Gelsenkirchen-Bismarck für die Baureihe 44, oder die 50er nach Duisburg-Wedau, den Auslauf-Bw für diese Baureihen, umstationiert. In diesen beiden Dienststellen bestand seither, bei ständig zurückgehenden Leistungen, ein großer Überhang an Dampflokomotiven, sodass viele Maschinen auf Reserve gestellt wur-

Die Lokomotive 050 056 wartet im Bw Osterfeld auf die Ausfahrt

Auch bei Minustemperaturen versieht die Dampflok zuverlässig ihren Dienst. Hier die Maschinen 044 754 und 044 556 bei Eis und Schnee

Die Lokomotiven 044 481 und 044 556 kalt abgestellt im April 1977

Hochbetrieb in Osterfeld am 28. Februar 1975. Lok 044 470 und die 051 300 mit Kabinentender warten vor dem Kanal zum Ausschlacken

Die Osterfelder Lokomotiven 053 164 und 050 692 warten am 28. Februar 1975 auf das Ausschlacken

Mit geöffneten Zylinderhähnen wartet am 28. Februar 1975 Lok 051 225 auf das Ausschlacken und Löscheziehen

Die Lok 050 003 des Bw Duisburg-Wedau auf den Standgleisen dieser Einsatzstelle

den. Das traf vor allem auf die in Wedau beheimatete 50 zu, deren Einsätze immer weniger wurden. Diese Dienststelle hatte nicht nur zahlreiche Zugänge aus Oberhausen-Osterfeld, sondern auch aus Gremberg, Stolberg, Wanne-Eickel und dem Bw Lehrte zu verzeichnen. Am 01. Januar umfasste der Bestand nur noch sechs Maschinen, wovon fünf betriebsfähig waren. Die letzte Wedauer Dampfleistung war der am 17. Februar 1977 nach Ausfall einer 216 von der 052 908 von Castrop-Süd nach Duisburg-Wedau gebrachte Kokszug 57280 mit 1736 t Last. Leider endete diese Fahrt mit einem Fiasko. Da sich die Lok in sehr schlechtem Zustand befand, auf der – zu allem Überfluss – noch ein wenig erfahrener Heizer eingeteilt war, blieb der Zug in Herne und Wanne-Eickel mit Dampfmangel liegen. Schließlich musste eine E-Lok herbeigerufen werden, die den Zug nebst Dampflok nach Wedau brachte. Das war kein rühmliches Ende für diese bei Reichs- und Bundesbahn tausendfach bewährte Baureihe. Am 24. Februar 1977 endete mit der Ausmusterung der letzten sechs Maschinen die Geschichte der Baureihe 50 bei der DB.

Der leistungsstärkeren Baureihe 44 bescherten die immer noch recht zahlreichen Einsätze vor Bedarfs- und Programmzügen, vor Sonderleistungen

oder auch als Betriebsreserve für ausgefallene Diesel-loks, vorläufig noch ausreichend Arbeit. Für solche Dienste wurden noch im Herbst 1976 an Werktagen zwischen acht und zwölf Maschinen bereitgehalten. Die Einsätze erstreckten sich kreuz und quer über das gesamte Ruhrgebiet und verteilten sich auf unterschiedlichste Strecken, zu allem Überfluss manchmal auch auf wechselnde Laufwege über den ganzen Tag.

Zu deren erfolgreicher Ablichtung hätte man eigentlich einen fahrbaren Untersatz, zumindest aber über beste Fahrplan-, Orts- und Streckenkenntnisse und viel Zeit verfügen müssen. Da bei mir diese Voraussetzungen nicht vorhanden waren, hatten sich von vornherein kaum Möglichkeiten ergeben. Das Wichtigste aber war, dass ich von diesen Leistungen damals kaum etwas wusste. Selbst wenn, dann hätte dies für mich, um vielleicht zwei oder drei Dampfzüge gezielt aufnehmen zu können, einen unverhältnismäßig hohen zeitlichen und finanziellen Aufwand bedeutet. Im Nachhinein gesehen ist das sehr bedauerlich, leider nicht mehr zu ändern.

Zurück zum Bw Gelsenkirchen-Bismarck und seinen 44ern. Nach dem 26. August 1976, als die letzten übriggebliebenen Maschinen des Bw Ottbergen dort eingetroffen waren, war Bismarck nun die letzte Heimat der Jumbos bei der DB. Die Bestände gingen schnell zurück. Konnte der Bismarcker Lokleiter am 15. Januar 1974 über exakt 63 Maschinen dieser Baureihe verfügen, waren es zwei Jahre später nur noch 30 Lokomotiven. Zur Jahreswende 1975/76 waren es noch 20 und schließlich, am 13. März 1977, zum Ende des Programmverkehrs, verblieben exakt elf 44er. Zu diesem Zeitpunkt war Bismarck nicht nur das letzte Dampf-Bw der Bundesbahn-Direktion Essen, sondern auch die letzte Einsatzstelle der DB, die noch kohlegefeuerte Dampflokomotiven einsetzte.

Die Zunahme von Dieselloks der Reihe 216 machten die 44er im Laufe des Mai schnell arbeitslos. Trotzdem war es an Werktagen durchaus üblich, dass bis zu vier Maschinen unter Dampf gehalten und im Rahmen der Zugleitungsbereitschaft als Reserveloks sowie vor Zügen für Eisenbahnfreunde zum Einsatz gelangten. Am 20. Mai 1977 erbrachten die Lokomotiven 044 215, 044 424 und 044 556 ihre letzten Einsätze. Unter dem Motto „Abschied von der Dampflok" fand am Wochenende des 21. und 22. Mai 1977

im Bw Gelsenkirchen-Bismarck ein großes Abschiedsfest für die letzten kohlegefeuerten Dampfloks der DB statt. An diesen Tagen verkehrten zusätzlich einige dampfgeführte Sonderzüge. Besondere Güterzugleistungen gab es später nicht mehr. Die z-Stellung und Ausmusterung der Bismarcker Maschinen erfolgte bereits am 25. Mai 1977. Einige dieser Lokomotiven wurden an Eisenbahnfreunde verkauft.

Ganz dampffrei aber war dieses Bw immer noch nicht. Bisher hatte eine an die Heizleitung der Gebäude angeschlossene Betriebslok für warme Räume und heißes Wasser in den Anlagen gesorgt. Nach dem offiziellen Dampfende verrichtete die Lok 044 209 diesen Dienst weiter, wurde aber alsbald von der 044 377 abgelöst. Diese ausgemusterte Maschine blieb noch das ganze Jahr 1978 über als selbstfahrende Heizlok im Einsatz, und erst das Festfrieren der nahezu erschöpften Kohlenvorräte im Februar 1979 setzte den Diensten der im März des gleichen Jahres zur Kesseluntersuchung fälligen Lokomotive ein Ende. Die 044 377-0 war damit die letzte Dampflok der DB.

Am 26. März 1977 ließ die Deutsche Bundesbahn im Bereich des Bw Gelsenkirchen-Bismarck eine Fotoserie zwecks Dokumentation ihrer letzten Dampflokomotiven anfertigen. Hier donnert 044 508 mit ihrer Garnitur Fad-Selbstentladewaggons in Richtung des Fotografen

Lok 050 034 präsentiert sich noch in gutem Farbanstrich

Am 23. Mai 1975 dampft die Lok 052 483 mit einem Ganzzug am Einfahrtsignal des Rangierbahnhofs Oberhausen-West vorbei

044 508, optisch die farblich aufgefrischte Vorzeigelok des Bw Gelsenkirchen-Bismarck, vor einer Garnitur von zehn Fad-Selbstentladewaggons

Im Frühjahr und Sommer des Jahres 1975 wurden die weiträumigen Gleisanlagen um den Rangierbahnhof Duisburg-Ruhrort-Hafen elektrifiziert. Wir sehen die Osterfelder 050 232 am 01.7.1975 mit einem Bauzug für die Fahrleitungsmontage

Die Lz fahrende Lok 052 545 vor dem rautenförmigen Stellwerk Duisburg-Hochfeld

Hochbetrieb herrscht im März 1975 im Rangierbahnhof Duisburg-Ruhrort-Hafen. Die Lokomotiven 044 673 und 044 137 warten vor ihren Zügen auf Ausfahrt

Die 050 232 vor dem Stellwerk in Duisburg-Ruhrort-Hafen

Während drei Lokomotiven der Baureihe 44 in Ruhrort-Hafen vor ihren Güterzügen auf Ausfahrt warten, dient die 050 232 als Schublok für einen schweren Güterzug in Richtung Oberhausen-West

Christoph Riedel

Die Triebwagen des Typs „Talent"

Die Reihen 643 und 644 von Bombardier

Noch zu Zeiten der Deutschen Bundesbahn waren in den 1970er und 1980er Jahren die Triebwagen der Reihen 627 und 628 in verschiedenen Serien in Dienst gestellt worden. Ursprünglich sollten sie die in die Jahre gekommenen Schienenbusse der Reihen 795, 797 und 798 (bis 1968 VT 95 und VT 98) ablösen. Daraus wurde bekanntlich nichts, weil die dafür vorgesehenen Strecken inzwischen meist stillgelegt worden waren und die DB die flotten Triebwagen lieber auf Hauptbahnen geringerer Bedeutung oder in verkehrsschwachen Zeiten einsetzte. Die Erkenntnis, dass moderne, leichte und flexibel einsetzbare Triebwagen in vielen Einsatzbereichen einem lokbespannten Zug überlegen sind, führte in der zweiten Hälfte der 1990er Jahre allerdings zu einem wahren Boom bei der Konstruktion solcher Eisenbahnfahrzeuge. Den Anfang machte die Firma Bombardier Transportation, ein Unternehmen des kanadischen Bombardier-Konzerns, der auch in der Luftfahrttechnik engagiert ist. Grundlage des Schienenfahrzeugbaus in Deutschland war die Übernahme des Aachener Traditionsunternehmens Talbot 1995 und drei Jahre später der „Deutsche Waggonbau AG". Bereits 1996 konnte das Unternehmen ein erstes zweiteiliges Fahrzeug vorstellen, das unter dem Namen Talent (Talbot Leichtbau Niederflurtriebzug oder auch Talbots leichter Nahverkehrstriebzug) von verschiedenen Bahngesellschaften getestet werden konnte. Da der zweiteilige Erprobungsträger überzeugen konnte, bestellte die DB AG insgesamt 137 dreiteilige Triebwagen in zwei verschiedenen Ausführungen. Die spä-

Zwischen 1999 und 2004 bediente die „Dortmund-Märkische-Eisenbahn" MME die Volmetalbahn von Lüdenscheid nach Dortmund mit damals hochmodernen Talent-Triebwagen. Im Eröffnungsjahr rollt einer der vier Triebwagen durch das Lösenbachtal in Richtung Brügge/Westf.

Einfahrt der Regionalbahn von Dortmund nach Lüdenscheid in den Bahnhof von Brügge/Westf. am 23.11.2002

Zwischen Hagen und Dortmund überquert die Regionalbahn von Lüdenscheid nach Dortmund auf einem mächtigen Brückenbauwerk das Tal der Ruhr (23.3.2003)

Am 29.5.1999 war anlässlich der Übernahme des Fahrbetriebs auf der Strecke Lüdenscheid-Dortmund durch die „Dortmund-Märkische-Eisenbahn" ein zweiteiliger Talent der OME im Sauerland zu Gast

Am 7.6.1996 wurde auf der zu diesem Zeitpunkt auch bereits im Güterverkehr stillgelegten Strecke Brügge-Halver im Sonderzugverkehr erstmalig im Sauerland ein Triebwagen des Typs „Talent" eingesetzt

ter so genannte Baureihe 643.0 besitzt ein hydrodynamisch-mechanisches Getriebe und zwei Dieselmotoren mit je 315 kW Leistung in den Triebwagen; der Mittelwagen mit der Baureihenbezeichnung 943 ist ohne Antrieb. Die Reihe 644 (antriebsloser Mittelwagen: Reihe 944) dagegen wurde als dieselelektrischer Triebwagen mit ebenfalls zwei Dieselmotoren von allerdings je 505 kW konzipiert, die zwei Drehstromasynchronmotoren von je 300 kW Leistung antreiben. Beide Typen verfügen über eine Höchstgeschwindigkeit von 120 km/h, die Reihe 644 weist mit 1,0 m/sec2 gegenüber dem 643 mit 0,7 m/sec2 allerdings eine wesentlich höhere Anfahrbeschleunigung auf. Diese Triebwagen wurden speziell für die ins Kölner Umland führenden nichtelektrifizierten Strecken in Dienst gestellt. Da Teile dieses Streckennetzes über S-Bahn-Linien zum Kölner Hauptbahnhof führen, sind hohe Anfahrbeschleunigungswerte nötig, um den parallelen S-Bahn-Betrieb nicht zu behindern. Die leistungsfähigen Fahrzeuge ermöglichen so einen attraktiven S-Bahn-ähnlichen Betrieb auf Strecken, deren Fortbestand in einzelnen Fällen sogar zur Disposition stand. Die Nähe zu elektrischen S-Bahn-Zügen zeigt sich auch im äußeren Erscheinungsbild der Reihe 644. Während die Reihe 643 in jedem der

drei Fahrzeugteile eine Einstiegstür aufweist, besitzt der 644 je zwei, um bei kurzen Halten einen raschen Fahrgastwechsel zu gewährleisten. Die Fahrzeuge sind mit 52,16 m Länge auch gut acht Meter länger als die Reihe 643.0. Beide Fahrzeuge verfügen über je ein Antriebsdrehgestell im führenden Triebwagen, der Mittelteil stützt sich gemeinsam mit dem anderen Ende der angetriebenen Einheiten auf ein Jacobsdrehgestell ab. Der Wagenkastenaufbau beider Baureihen ist gleich: Das geschweißte Untergestell ist aus Edelstahl, während die Wände aus einem Aluminiumgerippe gebildet sind. Die Außenwände bestehen aus glasfaserverstärktem Kunststoff, ebenso wie Führerstände und Dächer. Über die automatische Scharfenbergkupplung können bis zu drei dreiteilige Einheiten gesteuert werden, sodass bis zu 401 (Baureihe 643.0) beziehungsweise 483 (Baureihe 644) Sitzplätze - zu einem kleinen Teil allerdings auf Klappsitzen - zur Verfügung stehen.

Obwohl der Erprobungsträger von 1996 ein dieselmechanisches Fahrzeug war, wurde zuerst die dieselelektrische Variante in Dienst gestellt. Am 13. März 1998 kam mit 644 002 der erste Talent der DB AG in den Planbetrieb, weitere 62 Exemplare folgten in den folgenden zwei Jahren. 644 015 schied aller-

Als Linie S 28 im S-Bahn-Netz Rhein-Ruhr verkehrt ein zweiteiliger Talent der „Regio-Bahn" von Mettmann über Düsseldorf nach Kaarst (Neuss Hbf/31.05.2002)

Talent der Reihe 643 von DB Regio bei der Einfahrt in den Haltepunkt Runkel im Lahntal (04.08.2007)

dings bereits im Jahr 2000 nach einem Brand aus dem Bestand aus. Die verbliebenen 62 Triebwageneinheiten kommen von Köln aus auf den nichtelektrifizierten Strecken ins Umland zum Einsatz, u.a. auf der Aggertalbahn Köln – Marienheide, die ab Dezember 2013 bis Meinerzhagen im Sauerland reaktiviert sein wird, der Strecke Bonn-Euskirchen, zusammen mit der Reihe 643 auf der Ahrtalstrecke, zwischen Euskirchen und Bad Münstereifel und auf der Eifelbahn vor Köln-Trier. Daneben gab es noch Einsätze in Ostwestfalen im Raum Bielefeld. Ab Dezember 2013 sollen im Kölner Dieselnetz die neuen Alstom-Triebwagen der Reihen 620 und 622 die Talente ablösen.

Von 1999 bis 2001 kamen auch die dieselmechanischen Triebwagen der Reihe 643.0 in den Plandienst. Von Düsseldorf, Trier, Kaiserslautern und Osnabrück aus bedienen sie Neben- und nicht elektrifizierte Hauptbahnen in der Pfalz, der Eifel, am Niederrhein und im Münsterland. Bekannte befahrene Strecken sind oder waren in der jüngeren Vergangenheit Münster-Coesfeld, Münster-Gronau-Enschede(NL), Dortmund-Gronau-Enschede(NL), Duisburg-Xanten, Bonn-Remagen-Ahrbrück, Alsenzbahn (Kaiserslautern-Bingen), Winden-Bad Bergzabern,

Karlsruhe-Neustadt und die Lahntalbahn (Gießen-Koblenz).

Neben den beiden Baureihen 643.0 und 644 besitzt die DB AG eine weitere Variante der Talent-Fahrzeugfamilie, die als Baureihe 643.2 in und um Aachen zum Einsatz kommt. Die zu DB-Regio NRW gehörende „Euregiobahn" befährt seit 2001 ein stetig wachsendes Streckennetz auf bestehenden und reaktivierten Strecken, auch grenzüberschreitend in die Niederlande. Bei den hierbei eingesetzten Talenttriebwagen handelt es sich um die zweiteilige Variante, bei der sich die beiden Endtriebwagen auf der antriebslosen Seite auf ein gemeinsames Jacobsdrehgestell abstützen. Die als Baureihe 643.2 eingereihten Fahrzeuge unterscheiden sich farblich von den roten Zügen der Reihen 643.0 und 644, denn sie tragen im unteren Bereich der Triebwagen ein blaues Farbband mit dem Euregio-Schriftzug.

Die mit Scharfenbergkupplung ausgestatteten Triebwagen laufen einzeln von Heerlen in den Niederlanden und von Alsdorf-Poststraße aus bis Herzogenrath an der Hauptstrecke Mönchengladbach-Aachen, von dort aus gemeinsam auf der Hauptstrecke über Aachen Hbf nach Stolberg an der Hauptstrek-

Im Ahrtal, das zum Kölner Dieselnetz gehört, kommen beide DB-Versionen, der 634 und der 644, zum Einsatz. Am 17.08.2012 hat 643 550 soeben auf der Fahrt Richtung Remagen/Bonn den Bahnhof von Bad Neuenahr verlassen

ke Köln-Aachen, wo eine erneute Trennung der Fahrzeuge stattfindet. Während ein Fahrzeug Richtung Stolberg Altstadt weiterfährt, gelangt der andere Triebwagen über die Eschweiler Talbahn und ein kurzes, völlig neu errichtetes Streckenstück nach Langerwehe, wo wieder die Hauptstrecke nach Köln erreicht wird. Seit Dezember 2009 werden die Züge stündlich bis Düren durchgebunden. In Zukunft soll das Streckennetz weiter ausgedehnt werden, dazu gehört auch eine Linie von Alsdorf über Würselen in die Aachener Innenstadt, wobei ebenfalls ehemalige Bahntrassen Verwendung finden sollen. Für diesen Zweck sind einige Fahrzeuge mit Einrichtungen für den Betrieb nach BOStrab (Verordnung für den Bau und Betrieb der Straßenbahnen) mit verstärkten Bremsen, Blinkern und Rückspiegeln ausgerüstet worden. Sie werden aber dort wohl nicht eingesetzt werden, da bis zum Zeitpunkt der Eröffnung dieser Strecke wahrscheinlich modernere, mit niedrigeren Einstiegshöhen ausgestattete Fahrzeuge zur Verfügung stehen werden. Einer der Euregio-Talente (643 225-5) ist im Sommer 2012 in der Nähe von Aachen ausgebrannt.

Der erfolgreiche Einsatz der Talente bei der DB AG hat zahlreiche andere Bahngesellschaften im In- und Ausland zu Bestellungen dieses erfolgreichen Fahrzeugtyps veranlasst. In Deutschland selbst werden sowohl zweiteilige als auch dreiteilige Einheiten bei Privatbahnen erfolgreich eingesetzt, die sich teilweise von der DB-Baureihe 643 unterscheiden. Beispielsweise setzen Nordwestbahn und Niederbarnimer Eisenbahn dreiteilige Talente ein, die im Mittelteil wie die DB-Baureihe 644 zwei Einstiegstüren besitzen, Triebwagen der Eurobahn oder der Ostseelandverkehr weisen dagegen dieselbe Türanordnung wie die DB-Züge auf. Während bei den deutschen Privatbahnen ausschließlich dieselbetriebene Einheiten zum Einsatz kommen, fahren bei der ÖBB (Österreichische Bundesbahn) Talente mit elektrischem Antrieb als Reihe 4023 (dreiteilig), Reihe 4024 (vierteilig) und Reihe 4124. Bei der Baureihe 4124 handelt es sich um ein Zweisystemfahrzeug (15 und 25 KV) für den grenzüberschreitenden Verkehr nach Ungarn. Die Reihe 4023 kommt ebenfalls grenzüberschreitend zwischen Freilassing und Salzburg in Deutschland zum Einsatz. Weitere Zweisystemfahrzeuge, entsprechend der Reihe 4124 der ÖBB, besitzt die Ungarische Staatsbahn MAV, ebenfalls für den grenzüberschreitenden Verkehr nach Österreich. Um auf den kurvenreichen nichtelektrifizierten Strecken Norwegens kürzere Fahrzeiten zu erreichen, werden in dem skandinavischen Land seit 2001 15 zweiteilige Talent-Triebzüge mit der Baureihenbezeichnung BM 93, erstmals auch mit Neigetechnik, eingesetzt. Der ovale Querschnitt des Wagenkastens ermöglicht den Einbau dieser Technik ohne bauliche Veränderungen an der Karosserie. In Europa werden darüber hinaus seit

2012 Talente in der Slowakei eingesetzt, die nach Übernahme der Strecke Dortmund-Gronau durch DB-Regio bei der privaten Prignitzer Eisenbahn frei geworden waren. Last but not least hat es sogar 13 dreiteilige dieselbetriebene Triebzüge nach Kanada verschlagen, wo sie bei der OC Transpo in Ottawa in Dienst gestellt wurden.

In Deutschland fahren oder fuhren Talenttriebzüge außerhalb des DB-Konzerns bei folgenden Bahngesellschaften, alle mit dieselmechanischem Antrieb:

Dortmund-Märkische Eisenbahn
(dreiteilig, vier Fahrzeuge)
Die DME bediente von 1999 bis 2004 die Strecke Dortmund-Lüdenscheid und verlor danach eine erneute Ausschreibung gegenüber DB Regio.

Eurobahn
(dreiteilig, sieben Fahrzeuge)
Einsatz in Ostwestfalen (Bielefeld-Rahden, Bielefeld-Lemgo)

Niederbarnimer Eisenbahn
(dreiteilig, zehn Fahrzeuge)
Einsatz auf der Oderlandbahn Berlin-Lichtenberg – Küstrin (PL) und der Heidekrautbahn Berlin-Gesundbrunnen/Berlin-Karow nach Wensickendorf/Schmachtenhagen bzw. Groß Schönebeck

Nordwestbahn
(zwei- und dreiteilig, 43 Fahrzeuge)

Einsätze in Westfalen und Niedersachsen auf den Strecken Wilhelmshaven – Osnabrück, Bremen – Vechta – Osnabrück, Borken – Essen, Coesfeld – Dorsten, Dorsten – Dortmund, Münster – Bielefeld, Bielefeld – Paderborn, Bielefeld – Osnabrück, Bielefeld – Altenbeken, Paderborn – Holzminden

Ostseelandverkehr
(dreiteilig, zehn Fahrzeuge)
Einsätze in Mecklenburg-Vorpommern auf den Strecken Stettin(Pl)/Ueckermünde – Bützow, Parchim – Rehna, Rostock – Güstrow und Neustrelitz – Stralsund.

Prignitzer Eisenbahn
(zwei- und dreiteilig, sieben Fahrzeuge)
Einsätze im nördlichen Berliner Umland auf den Strecken Neustadt – Pritzwalk, Pritzwalk – Meyenburg und Berlin-Lichtenberg – Templin

Regiobahn
(zweiteilig, zwölf Fahrzeuge)
Einsatz auf der Strecke Kaarst – Düsseldorf – Mettmann

Ein gutes Jahrzehnt nach Indienststellung der ersten Talente lieferte Bombardier die ersten Exemplare eines elektrischen Triebzuges aus, dem aber lediglich der Name „Talent 2" mit den hier beschriebenen Fahrzeugen gemein hat und auf den deshalb hier nicht näher eingegangen werden soll.

Doppeltriebwagen mit dieselmechanischer und dieselelektrischer Variante auf der Ahrtalbahn (17.08.2012/Heppingen)

Zwei 643er von DB-Regio am 18.08.2012 im Ahrtal bei Mayschoß

Deutlich zu erkennen ist die geringere Anzahl von Türen bei der dieselmechanischen Reihe 643 (19.08.2012/Mayschoß)

Bei der DB-Tochter Euregiobahn kommen zweiteilige dieselmechanische Talente zum Einsatz (06.09.2008/Aachen-Richterich). Auch sie verfügen je Wagenteil über nur eine Tür

Parallel zur Hauptstrecke Köln-Aachen verläuft zwischen Langerwehe und Stolberg Hbf die „Talbahn". Hier verkehren zweiteilige Talente der DB-Tochter Euregiobahn. (29.09.2008/Weisweiler)

Der Streckenast Stolberg Hbf – Stolberg Altstadt ist das letzte verbliebene Streckenstück der Vennbahn, die von Aachen und Stolberg aus früher nach Belgien und Luxemburg führte. Heute fährt hier die Euregiobahn VT 643 (Stolberg/29.09.2008)

Triebwagen der Euregiobahn zwischen Herzogenrath und Aachen-West (07.12.2008/Aachen-Laurensberg)

Zwischen Eschweiler und Langerwehe ist in den letzten Jahren eine Neubaustrecke entstanden, um die so genannte "Talbahn" von Stolberg nach Eschweiler bis Langerwehe an der Hauptstrecke Köln-Aachen durchzubinden (20.11.2010/Langerwehe)

Zwischen Stolberg Hbf und Herzogenrath verkehren die Euregiobahn-Züge auf dem Weg von Langerwehe nach Alsdorf auf der Hauptstrecke Köln-Aachen (Aachen-Eilendorf/02.04.2011)

Auf der Aggertalbahn Köln-Gummersbach passiert ein dieselelektrischer Triebwagen der Reihe 644 das Einfahrsignal von Engelskirchen (18.06.2005)

Auch auf der in die Eifel führenden Stichstrecke Euskirchen – Bad Münstereifel sind bis Ende 2013 noch Talente der Reihe 644 unterwegs. Dann soll die Ablösung durch neue Triebwagen der Reihe 620 und 622 erfolgen (07.03.2011/Kirspenich)

Im Jahr 2014 schon Geschichte: Talenttriebwagen der Reihe 644 von DB Regio auf der Strecke Euskirchen-Bonn (07.03.2011/Weidesheim)

Ein Triebwagenpärchen der Reihe 644 passiert am 7.März 2011 bei Weidesheim das Einfahrvorsignal von Euskirchen auf der Strecke Bonn-Euskirchen

Auch auf der Hauptstrecke Köln-Trier kommen Kölner Talente der Reihe 644 bis Ende 2013 zum Einsatz (Satzvey, 07.03.2011)

Auf der Fahrt nach Essen passiert der Nordwestbahntriebwagen das Ausfahrsignal von Deuten (01.10.2011)

Zwischen Dorsten und Dortmund Hbf verkehrte am (10.02.2012) die Nordwestbahn. Das Ausfahrsignal von Herne zeigt Hp 2

Zwei Stellwerke und Formsignale verbreiten auf dem Bahnhof von Rhade noch das Flair der alten DB. Der moderne Talent steht da in starkem Kontrast zu der veralteten Technik (01.10.2011)

Am 01.10.2011 passiert ein Doppeltriebwagen der Nordwestbahn das Einfahrvorsignal von Borken

Elektrische Talente werden in Österreich u.a. im Raum Bregenz eingesetzt. Am 17.07.2012 verlässt 4024 026-9 Bregenz in Richtung Lindau

Dreiteiliger Talent der Prignitzer Eisenbahn in Bottrop Hbf am 28.12.2009

Von 1999 bis 2005 verkehrten dieselmechanische Talente auf der Volmetalstrecke im Sauerland zwischen Lüdenscheid und Dortmund Hbf (Brügge/Westf./20.11.1999)

Triebwagen der Reihe 643 als Regionalbahn von Gießen nach Limburg am 04.08.2007 bei Villmar

Triebwagen der Reihe 643 als Regionalbahn von Limburg nach Gießen am 04.08.2007 bei Aumenau

In der Nähe des bekannten Altenbekener Viadukts befindet sich bei Neuenbeken dieser Steinbogenviadukt, den der Triebwagen der Nordwestbahn am 03.05.2008 auf der Fahrt nach Paderborn überquert

Dr. Alfred Gottwaldt

Alfred Michael Orenstein

Jüdischer Generaldirektor einer deutschen Lokomotiv- und Waggonfabrik

Erinnerung an Orenstein & Koppel

In zahlreichen Technikmuseen der Welt finden sich Erzeugnisse der renommierten deutschen Lieferfirma Orenstein & Koppel. So ist im Eisenbahnmuseum von New Delhi in Indien eine skurrile Einschienenbahn dieses Herstellers aus dem Jahr 1907 zu sehen. In Neuseeland zeigt das Museum of Transport and Technology in Auckland eine zweiachsige Schmal-spurlok des Fabrikats aus Nowawes. Und selbst in Uruguay kann man einen B-Kuppler von Orenstein & Koppel auf einer Briefmarke bewundern. In Berlin und Umgebung wurden eine zweiachsige „Kolonialbahnlok" von 1903, eine deutsche „Kriegslokomotive" von 1943 oder ein Bundesbahn-Halbspeisewagen von 1953 in einzelnen Werken des Großunternehmens Orenstein & Koppel produziert. Sie bereichern seit 1987/88 die Eisenbahnausstellung im Lokschuppen des Deutschen Technikmuseums.

Nur zwei Männer haben diese Firma an der Spitze geleitet: Der Vater Benno Orenstein über fünf Jahrzehnte von 1876 bis 1926 und sein Sohn Alfred Orenstein in dem folgenden Jahrzehnt von 1926 bis 1935. Während über den dominanten und erfolgreichen Vater inzwischen mancherlei publiziert wurde, ist über den an Adolf Hitler zerbrochenen Sohn bislang fast nichts bekannt. An ihn zu erinnern, ist Zweck dieser Zeilen.

Kommerzienrat Benno Orenstein

Bereits am 1. April 1876 hatte Benno Orenstein (1851-1926), in Posen als Sohn eines Kaufmanns

Die Inszenierung „Kolonialbahnlok" mit einer Maschine von Orenstein & Koppel ist seit 1987 ein Blickfang im Deutschen Technikmuseum Berlin

Ankunft der „Kolonialbahnlokomotive" von Orenstein & Koppel im Depot des Deutschen Technikmuseums Berlin, 1985

Die großzügigen Fabrikanlagen der Firma Orenstein & Koppel von 1899 in Drewitz mit dem „Cirkus"

geboren, sein erstes Unternehmen für den Handel mit Feld- und Kleinbahnen gegründet. Das Geld dazu hatte ihm ein Onkel aus Thorn geliehen. Eine geschäftliche Verbindung mit dem Freund Arthur Koppel (1851-1908) hielt nur bis 1885 an und endete damit, dass sich die Wege der „Arthur Koppel AG" sowie der „Aktiengesellschaft für Feld- und Kleinbahnbedarf (vormals Orenstein & Koppel)" von Benno Orenstein zunächst wieder trennten. In der Folge hat er den Bau von „Stahlbahnen" vertieft, also von mobilen Schmalspurbahnen für gewerbliche Zwecke. 1911 wurde eine Interessengemeinschaft mit der Lübecker Maschinenbau-Gesellschaft geschlossen, die vor allem Bagger produzierte. Doch schon bald nach Koppels Ableben lautete von 1909 bis 1920 der Firmenname der nun wieder zusammengeschlossenen Unternehmen „Orenstein & Koppel – Arthur Koppel AG", seit Februar 1920 schließlich nur noch knapp „Orenstein & Koppel AG". Die Firma hatte ihren Geschäftssitz in Berlin-Kreuzberg mit einem großen, im Jahr 1913 erbauten Verwaltungsgebäude am Tempelhofer Ufer 23/24.

Benno Orenstein hatte sich in einem längeren Prozess vom Händler zum Produzenten sämtlichen Eisenbahnmaterials entwickelt, betrieb aber besonders aktiv eine Verkaufsorganisation ohnegleichen. Bekannt wurde die ab 1899 bei Potsdam errichtete Fabrikationsstätte in Nowawes (später Babelsberg) mit Gleisanschluss an den Bahnhof Drewitz im Verlauf der „Kanonenbahn" Berlin – Güsten (– Metz). In der auffallenden sechseckigen Montagehalle, die den Beinamen „Cirkus" erhielt, wurde 1901 die erste Dampflok fertiggestellt. Ausgedehnte Werksanlagen entstanden ab 1900 in Spandau an der Hamburger Chaussee.

Nachdem die Familie Orenstein lange in der Hohenzollernstraße 6 (heute: Hiroshimastraße) von Berlin W 10 im Stadtbezirk Tiergarten in der Nähe des jetzigen Reichpietschufers gewohnt hatte, zog der Kommerzienrat mit seiner Frau zuletzt hinaus nach Wannsee in die Friedrich-Karl-Straße 27 (heute: Am Sandwerder). Durch die eigene Hochzeit mit Rosa Landsberger (1859-1941) sowie manche Ehen seiner vier Söhne und drei Töchter hatte sich der Firmengründer und Geheime Kommerzienrat Benno Orenstein in den besten Kreisen des jüdischen Berliner Großbürgertums etabliert. Ärzte, Beamte und Maler bildeten seine Umgebung. Fünfzig Jahre war er in seinem Unternehmen bestimmend gewesen und zwei Wochen nach den Jubiläumsfeiern, am 11. April 1926,

Reklame für Feldbahnen des Partners und Wettbewerbers Arthur Koppel, um 1900

Siegelmarke der zusammengefassten Unternehmen von Orenstein & Koppel sowie Arthur Koppel, um 1910

verstorben. Seit dem Tod des Vaters und dessen Begräbnis auf dem jüdischen Friedhof in Weißensee leitete der Sohn Alfred Michael Orenstein den fünfköpfigen Vorstand der Orenstein & Koppel AG mit ihren noch 12 000 Mitarbeitern.

Generaldirektor Alfred Orenstein
Als zweites Kind seiner Eltern war Alfred Michael Orenstein am 5. August 1885 in Berlin geboren. Er

Werbung für Orenstein & Koppel aus dem Katalog des Verkehrs- und Baumuseums Berlin von 1920

besuchte das Falk-Realgymnasium in Berlin und trat im Alter von 16 Jahren in das väterliche Unternehmen ein. Als Zwanzigjähriger ging er in die Vereinigten Staaten von Nordamerika und beteiligte sich dort in Pittsburgh am Aufbau einer Niederlassung des bewussten Unternehmens. Bis zu seinem 25. Geburtstag sah man ihn auf weiteren Stationen im amerikanischen und französischen Ausland.

Seit dem 9. Dezember 1917 war Direktor Alfred Orenstein verheiratet mit Irene Pauline Heilmann (1895-1990) aus Pullach bei München. Gemeinsam hatten sie die beiden Söhne Alfred Jacob und Georg Orenstein. Die Hochzeit mit einer Katholikin schien für ihn, der nicht häufig in die Synagoge ging, kein Problem zu bilden. Sie bezogen bald nach der Eheschließung eine eigene Villa an der Joseph-Joachim-Straße 35 (heute: Oberhaardter Weg) in Berlin-Grunewald. Schwiegervater war der Bauunternehmer und Geheime Kommerzienrat Jakob Heilmann (1846-1927) aus München. Dessen Sohn, der Bauunternehmer und jugoslawische Konsul Albert Max Heilmann (1886-1949), gehörte bald auch dem Aufsichtsrat der Firma Orenstein & Koppel AG an.

Fabriken von Orenstein & Koppel bestanden um 1930 in Bochum (für Kleinbahnwagen, Gleise und Aufzüge), in Dortmund-Dorstfeld (für Kleinbahnmaterial), in Nordhausen (für Motorlokomotiven und Schlepper), in Nowawes (für Lokomotiven und

Ein berühmtes Bildnis des Unternehmensgründers Benno Orenstein schuf sein Vetter Max Liebermann, um 1920.
Rechts: Traueranzeige für Benno Orenstein, 11. April 1926

Generaldirektor Alfred Orenstein (1885-1969), um 1928

Dampfkessel), in Spandau (für Bagger, Krane und Waggons) und in Schmiedefeld bei Breslau (für Feldbahngleise und -wagen). Zahlreiche Tochterunternehmen in aller Welt betrieben den Verkauf.

1930 erwarb Alfred Orenstein ferner die Aktienmehrheit an den notleidenden Waggonfabriken in Dessau und Gotha, womit im Konzernverbund sogar Flugzeuge gebaut wurden. Ob diese Entscheidung angesichts wachsender Überkapazitäten richtig war, lässt sich schwer sagen. Bald darauf ergriff eine wirtschaftliche Krise sein Unternehmen. Im Jahre 1932 schloss die Bilanz mit einem Verlust ab; die Zahl der Mitarbeiter sank auf 4000. Die Familie Orenstein verfügte 1933 noch über Stammaktien im nominalen Wert von 4 671 000 Reichsmark (von insgesamt 36 Millionen Reichsmark) und über Vorzugsaktien im Wert von 480 000 Reichsmark. Eine Kapitalherabsetzung hatte diese Werte bereits auf 16 Prozent des Stammkapitals verkürzt.

Ein Schwerpunkt der Produktion in Nowawes am Bahnhof Drewitz bestand bis 1920 im Bau von Güterzug- und Nebenbahn-Tenderlokomotiven für die Preußische Staatseisenbahnverwaltung und ab 1920 für die Deutsche Reichsbahn. Zu den Zeiten Alfred Orensteins fiel technisch besonders eine Dampflok-

Konstruktion mit zahnradgekuppelten Endradsätzen nach einem Patent seines Direktors Gustav Luttermöller (1868-1954) auf, welche das Durchfahren besonders enger Gleisbögen ermöglichen sollte. Die speziellen Reichsbahnloks der Baureihe 87 von 1927 für den Einsatz im Hamburger Hafen und der Reihe 84 von 1934 für die sächsische Umbaustrecke zwischen Heidenau und Altenberg zeugten von der Innovationskraft des Unternehmens. Große Umsätze erzielten sie nicht. Als die Reichsbahn 1935 bei O & K die schnellfahrenden Güterzugloks der neuen Baureihe 41 in Auftrag gab, waren die Tage Alfred Orensteins im Unternehmen bereits gezählt.

Nachdem die Reichsbahn seit 1928 mit dem Bau von Kleinlokomotiven für Rangieraufgaben in den Unterwegsbahnhöfen durchgehender Züge experimentierte, war auch die Firma Orenstein & Koppel an Lieferungen beteiligt. Für die eigentliche Konstruktionsarbeit bestand auf diesem Gebiet bald ein „Vereinheitlichungsbüro für Kleinlokomotiven" mit Sitz im alten Bahnhof Potsdam, in dem Direktor Schäfer von O & K die Geschäfte führte.

Alfred Orenstein in der Hitlerzeit

Dass seine Fabriken für billiges Feldbahnmaterial ab 1933 durch den Autobahnbau unter Hitlers Regierung zahlreiche Bestellungen über Schienenfahrzeuge erhielten, war gewiss tragisch für Alfred Orenstein. Im September 1933 waren bei Orenstein & Koppel nur noch 5200 Menschen beschäftigt, im Mai 1934 bereits wieder mehr als 7500 Personen. Doch die deutsche Politik zwang Alfred Orenstein aus dem Geschäft. Schon im Sommer 1933 wurde er nach nur zwei Jahren Amtszeit als Sprecher der „Deutschen Wagenbau-Vereinigung" verdrängt durch Generaldirektor Max Krahé (1875-1945) von der Waggonfabrik Talbot in Aachen.

Die „Entjudung" der Firma Orenstein & Koppel wurde in Berlin besonders von dem „Gauwirtschaftsberater" Heinrich Hunke (1902-2000) betrieben, der auch Professor an der Technischen Hochschule Charlottenburg war. Seit 1933 beteiligte er sich daran, die deutschen Juden in Berlin aus Eigentum und Funktion zu verdrängen. Im Jahr 1934 wurde Erich Niemann von der Dresdner Bank als „Treuhänder" für sämtliche Aktien der Orenstein & Koppel AG eingesetzt, die sich in jüdischem Besitz befanden. 1935 übernahm der Bankier Karl Rascher (1892-1951) diese Aufgabe.

Noch im Frühsommer 1935 warb die Gesellschaft

Reklame für Selbstendlader-Großgüterwagen als neues Produkt von Orenstein & Koppel, 1924

hingewiesen, die an zahlreiche Bahnverwaltungen geliefert wurden und die sich überall als besonders wirtschaftlich und verkehrswerbend erwiesen haben.

Das Werk für den Lokomotivbau befindet sich in Nowawes bei Potsdam. Bis zum Jahre 1934 wurden von dieser Fabrik mehr als 12 400 Dampflokomotiven zur Ablieferung gebracht. Für die Deutsche Reichsbahn werden Güterzuglokomotiven jeder Art sowie Personenzuglokomotiven gebaut. Zu den von der Lokomotivfabrik hergestellten Sonderkonstruktionen gehören z. B. Lokomotiven zum Durchfahren engster Kurven, wie für die Hamburger Hafenbahn geliefert. Die Lokomotiven für die Bahnen in den ehemaligen deutschen Kolonien sind zum größten Teil in Nowawes gebaut; ein einziges Überseeland hat 76 Kleinbahn-Lokomotiven von O & K in Betrieb genommen.

Außer Dampflokomotiven werden auch Diesel-Verschiebe-Lokomotiven für die Reichsbahn in Nowawes erzeugt. Die Orenstein & Koppel-Werke, die sich seit vielen Jahren mit dem Reihenbau kleiner Motorlokomotiven befassen und hierfür noch eine weitere Spezialfabrik in Nordhausen unterhalten, besitzen auf dem Gebiet des motorisierten Verschiebedienstes besondere Erfahrungen.

Bagger-Reklame des Künstlers Cesar Domela für ein Produkt von Orenstein & Koppel, um 1930

selbstbewusst in allen wichtigen Fachzeitschriften unter den Namen der jüdischen Gründer für ihre Erzeugnisse. In dem legendären Heft Nr. 4711 der „Leipziger Illustrirten Zeitung" vom 27. Juni 1935 zum deutschen Eisenbahnjubiläum stand zu lesen: *„Die Orenstein & Koppel Aktiengesellschaft, die in Kürze auf ein 60-jähriges Bestehen zurückblicken kann, hat im Jahre 1901 den Bau von Lokomotiven und Eisenbahnwagen für die Preußischen Staatseisenbahnen aufgenommen und gehört seit der Zeit zu den regelmäßigen Lieferern der deutschen Eisenbahnen.*

Der Waggonbau wird in den Werken Spandau und Dortmund-Dorstfeld betrieben. Sowohl an der Lieferung der neuen Berliner Stadtbahnwagen, der Berliner Hoch- und Untergrundbahnwagen, wie auch der Berliner Straßenbahnwagen und Autobusse ist das Spandauer Werk beteiligt. Besonders gepflegt wird der Bai von Spezialwagen aller Art, wie z. B. Kesselwagen, Kübelwagen und namentlich von neuzeitlichen Selbstentladern. Tausende von Selbstentladern wurden für die verschiedensten Verwendungszwecke geliefert. U. a. stammen die Großraum-Selbstentlader für die Versorgung des Berliner Großkraftwerkes Klingenberg von den Orenstein & Koppel-Werken. An dieser Stelle sei auch auf die Leichttriebwagen

Die Dampflok-Baureihe 87 der Reichsbahn von O&K war mit innen zahnradgekuppelten Endradsätzen der Bauart Luttermöller ausgerüstet. Unten: Auch die Lok-Baureihe 84 der Reichsbahn hatte zahnradgekuppelte Luttermüller-Endradsätze, weshalb die Kuppelstangen fehlten

Werbung mit einer Kleinlokomotive von O&K für die
Deutsche Reichsbahn, 1930

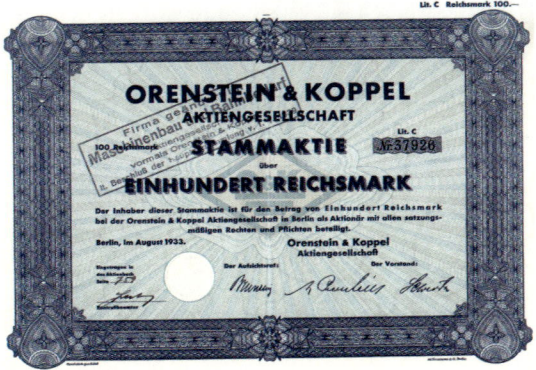

Stammaktie über 100 Reichsmark der Orenstein & Koppel
AG vom August 1933 mit einem Stempelaufdruck, der den
ab 1940 geänderten Firmennamen nennt. Für den Vorstand
haben die Direktoren Alfred Orenstein und Hugo Schröder
ihre Unterschriften gesetzt, für den Aufsichtsrat der Bankier
Peter Brunswig

*Schließlich gehören auch mechanische und elektrische
Eisenbahn-Sicherungsanlagen sowie Weichen zu den
regelmäßigen Lieferungen der Orenstein & Koppel-
Werke an die Reichsbahn.*

*In ganz besonderer Weise hat sich die Orenstein &
Koppel Aktiengesellschaft der Ausfuhr von Eisenbahn-
material gewidmet. Es ist ihr gelungen, sich durch Schaf-
fung neuzeitlicher Konstruktionen und vorteilhafter Her-
stellungsmöglichkeiten eine führende Stellung auf dem
Weltmarkt zu erobern und diese selbst in letzter Zeit
noch auszubauen. Zweigniederlassungen in allen Teilen
der Welt haben seit Jahrzehnten dazu beigetragen, die
hohen Leistungen auf dem Gebiete des deutschen Eisenbahnwesens im Ausland bekanntzumachen und den
deutschen Erzeugnissen zahlreiche Absatzmöglichkeiten
zu erschließen. Zu den Lieferungen aus jüngster Zeit
gehören 35 Lokomotiven, die in den Jahren 1933/34 für
China gebaut wurden, und 60 Wagen für die neue Unter-*

*grundbahn in Buenos Aires, welche im Jahre 1934 herge-
stellt wurden, in der Ausführung ähnlich den gleichzeitig
von der Firma erbauten Berliner Untergrundbahnwagen.
Der Orenstein & Koppel-Konzern hat Ende 1934 eine
Gefolgschaft von rund 8400 Köpfen."*

Alfred Orenstein in der Emigration

Mit diesen wohlgesetzten Worten stellte das Unternehmen seinem Generaldirektor Alfred Orenstein
sozusagen das letzte Zeugnis aus. Denn am 20. September 1935 gab dieser – nach einer kurzen Haftzeit
bei der Polizei – seine Tätigkeit in Berlin förmlich auf
und emigrierte im November 1935 nach Südafrika.
Da war er 50 Jahre alt. Schon am 19. Oktober 1935
wurde Alfred Orensteins Vollmacht als Vorstandsmit-
glied der Aktiengesellschaft beim Amtsgericht Berlin
aus dem Handelsregister gestrichen. Der neben ihm
wirkende jüdische Direktor Dr. Richard Landsberger
(1873-1941) schied aus dem Vorstand aus.

Der Nationalsozialist Heinrich Hunke setzte aber
seine Angriffe gegen das Unternehmen selbst danach
fort, da im Aufsichtsrat der Gesellschaft mit Friedrich
Carl von Oppenheim (1900-1978) noch ein Bankier
mit jüdischen Vorfahren saß. Erst als Oppenheim im
Februar 1936 den Aufsichtsrat bei O&K verließ,
wurde die Firma als „Deutsches Unternehmen"
bezeichnet. Alfred Orenstein nahm bald darauf eine
Wohnung in der „Hope Road" von Mountain View
bei Johannesburg. Dort war er als „Managing Direc-
tor" bei der für Verkaufszwecke in Südafrika bestehenden Tochtergesellschaft Orenstein & Koppel S. A.
noch bis zu seiner Kündigung im Oktober 1938
beschäftigt.

Es mag einem Rat von Albert Heilmann entspro-
chen haben, dass seine Schwester Irene Orenstein

Fabrikschild für ein Fahrzeug von Orenstein & Koppel aus
dem Werk in Spandau, 1934

Erfahrungen, die sich ergänzen, bestimmen die Leistung von O & K

Spitzenleistungen für den Transport auf Schiene und Straße!

Lokomotiven, Güterwagen und die Gleise, auf denen sie rollen — Schlepper, Lastwagenanhänger und Maschinen, die die Straßen für sie bereiten halfen — sie alle dienen im letzten dem gleichen Ziel! Schnelligkeit und Sicherheit, Wirtschaftlichkeit und Zuverlässigkeit — so heißt das Gesetz, dem sie alle gehorchen müssen. Auch hier kommen deshalb Konstruktions- und Materialerfahrungen vom Bau der verschiedensten O & K-Erzeugnisse einander zugute: Die Summe vieler Erfahrungen ist entscheidend für den Weltruf der Marke O & K!

Steter Fortschritt — unser Ziel!

Vielseitig — und doch einheitlich ausgerichtet

Das Bauprogramm von O & K:

Dampflokomotiven für Staats- und Privatbahnen
Normal- u. schmalspurige Diesellokomotiven
Motoren
D-Zugwagen
Triebwagen
Elektrische Untergrund- und Stadtbahnwagen

Güterwagen, Kesselwagen
Großraumförderwagen
Selbstentlader
Spezialwaggons
Muldenkipper

Gleisanlagen
Signalanlagen
Stellwerke / Weichen

Omnibusaufbauten
Straßenbahnen
Schlepper u. Anhänger
Straßenfahrzeuge für schwerste Lasten

Bagger u. Absetzer
Straßenwalzen

Schiffe, Schuten

Flugzeuge

ORENSTEIN & KOPPEL
AKTIENGESELLSCHAFT
BERLIN / BRESLAU / DORTMUND / FRANKFURT-M. / HAMBURG
HANNOVER / KÖLN / KÖNIGSBERG / LEIPZIG / MANNHEIM
MÜNCHEN / STUTTGART / TEPLITZ - SCHÖNAU / WIEN

O & K

Übersicht der Produkte und Produktionsstätten in einer Anzeige aus der VDI-Zeitschrift vom 8. Juli 1939

MASCHINENBAU UND BAHNBEDARF A.G.

VORMALS ORENSTEIN & KOPPEL

ist der neue Name der durch ihre hohen
Leistungen in der ganzen Welt bekannten

ORENSTEIN & KOPPEL A.G.

Unverändert bleiben das große Fabrikations-
Programm und die umfassende Verkaufs-
Organisation auch unter dem neuen Namen:

MASCHINENBAU UND BAHNBEDARF A.G.

VORMALS ORENSTEIN & KOPPEL

HAUPTVERWALTUNG BERLIN SW 61

Namensänderung von Orenstein & Koppel AG zu „Maschinenbau und Bahnbedarf AG", aus der Zeitschrift „Glasers Annalen"
vom Januar 1940. Rechts: Hauptverwaltung von Orenstein & Koppel und MBA am Tempelhofer Ufer 23/24 in Berlin, um 1940

Einband für ein Fotoalbum der neuen Firma MBA von 1940

Ein Fabrikschild der Firma Maschinenbau & Bahnbedarf von 1940 mit Hinweis auf die alten Eigentümer. Rechts: Pförtnerloge im Geschäftsgebäude am Tempelhofer Ufer 23/24, um 1940

Das Fabrikationsprogramm des MBA-Konzerns umfasste sogar Luftfahrzeuge, 1940

MBA-Reklame mit der Lokomotive 41 182 von Orenstein & Koppel, gedruckt 1942. Rechts: Der Filmsaal im Hauptverwaltungs-Gebäude von O&K und MBA, um 1940

Propagandaveranstaltung mit Albert Speer am 3. Juli 1943 zur Fertigstellung einer Kriegslokomotive im Babelsberger Werk von „MBA", vormals Orenstein & Koppel

Einsatz der ehemaligen Kriegslokomotive 52 4966 bei der Reichsbahn in der DDR, um 1975

sich von ihrem – abwesenden – jüdischen Mann Alfred Orenstein im Juli 1938 vor dem Berliner Landgericht scheiden ließ und ihren Mädchennamen Heilmann wieder annahm. So konnten die Berliner Villa und sonstige Werte weiterhin bei ihr und den Kindern verbleiben, während andere Juden die Emigration aus Deutschland mit einem Verlust des Vermögens zu bezahlen hatten. Verschwiegene Kontakte mit dem früheren Ehemann bestanden weiterhin und im Januar 1946 nahm sie wiederum den Familiennamen Orenstein an. Im Jahr 1948 heirateten die Eheleute abermals, doch hielten sie das Leben zusammen in Südafrika nicht aus. Irene Orenstein zog in die Schweiz und verstarb 1990 in Locarno.

Orenstein & Koppel im Krieg

Der Prozess der Entmachtung des „jüdischen Einflusses" in diesem Industrieunternehmen erstreckte sich über mehrere Jahre. Er dauerte auch deshalb länger, weil die Lieferquoten der Lokomotiv- und Wagenbeschaffungen an den Reichsbahnaufträgen langfristig in kartellartiger Form – auf damals erlaubte Weise – festgelegt waren. An den Wagenbestellungen der Staatsbahn standen der Firma Orenstein & Koppel 7,55 Prozent zu. Der antisemitische Druck auf das Unternehmen dauerte selbst nach seiner „Arisierung"

Sparsame Werbung für Kriegslokomotiven von MBA aus dem an Papier bereits knappen Jahr 1943

an: Durch Beschluss der Hauptversammlung vom 1. Juli 1939 wurden die Namen der jüdischen Unternehmensgründer zum Jahresanfang 1940 aus dem Firmennamen getilgt, welcher freilich wegen des Exportgeschäfts noch immer „Maschinenbau- und Bahnbedarf AG, vormals Orenstein & Koppel" lautete. Bis 1941 übernahm schließlich die Dortmunder „Hoesch Aktiengesellschaft für Bergbau und Hüttenbetrieb" als Großaktionär die Aktienmehrheit. Der Zusatz „vormals Orenstein & Koppel" im Firmennamen fiel mit Beschluss der Hauptversammlung vom

Die Kriegslokomotive 52 4966-9 steht seit 1988 im 2. Lokschuppen des Deutschen Technikmuseums

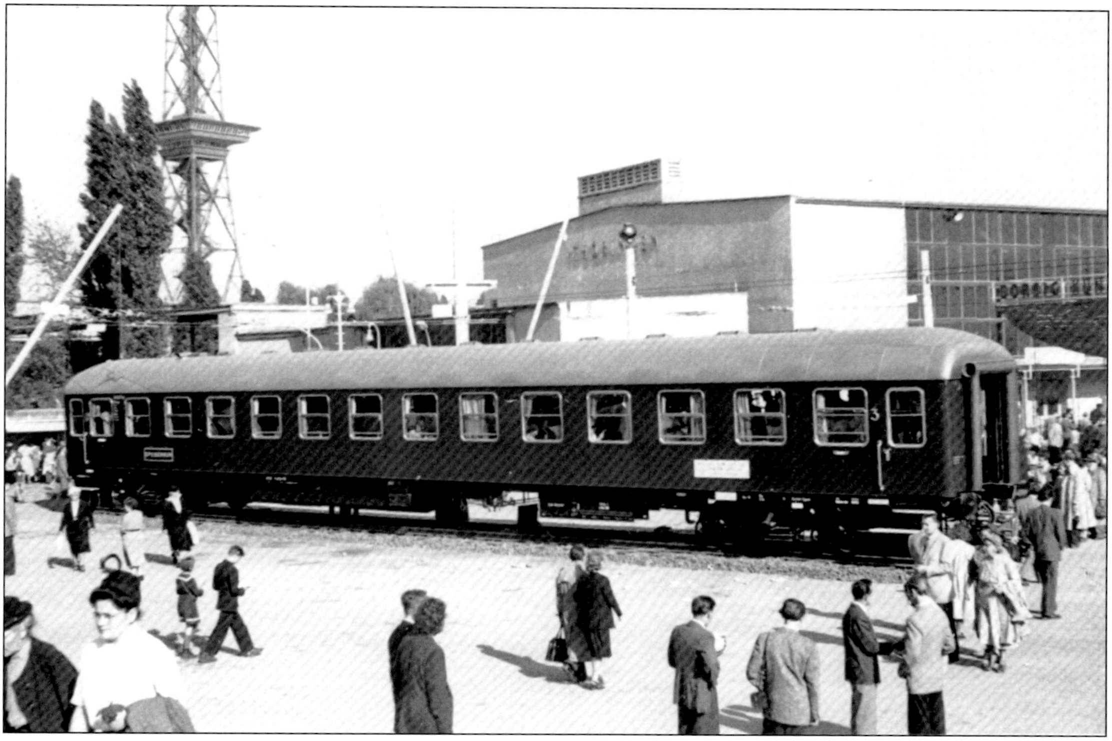

![Ein Spandauer Halbspeisewagen von O&K auf der Berliner Industrieausstellung, 1953](image)

Ein Spandauer Halbspeisewagen von O&K auf der Berliner Industrieausstellung, 1953

4. Juli 1941 zum Jahresende weg. Bis dahin waren bei Orenstein & Koppel etwa 14 000 Dampflokomotiven aller Größen entstanden, woran sich weitere Lieferungen für die Reichsbahn anschlossen.

Es mutete makaber an, dass Hitlers Rüstungsminister Albert Speer anlässlich der Erfüllung eines großen Bauprogramms für Kriegslokomotiven zu einer Propagandaveranstaltung am 3. Juli 1943 ausgerechnet die Werkstätten in Babelsberg besuchte, die nun freilich den Namen ihrer Gründer nicht mehr trugen, sondern mit „MBA" firmierten.

Andere – teilweise nur entfernt oder nicht verwandte – Träger des Namens Orenstein wurden zu Opfern der antisemitischen Maßnahmen im Deutschen Reich. Allein das „Gedenkbuch Berlins der jüdischen Opfer des Nationalsozialismus" aus dem Jahr 1995 nennt die Namen von zwölf Menschen dieses Nachnamens aus der Reichshauptstadt, die deportiert und ermordet wurden.

Orenstein & Koppel in Westdeutschland und Berlin (West)

Mit dem Kriegsende befanden sich die zahlreichen Produktionsstätten der vormaligen Orenstein & Koppel AG in den beiden Teilen Deutschlands sowie in

Alfred Michael Orenstein als Rentner in Südafrika, um 1960

Die verlassene Hauptverwaltung von O&K am Tempelhofer Ufer in Berlin-Kreuzberg, April 2013. Rechts: Ausstellungseinheit „Alfred Orenstein" als Teil der Sonderausstellung „Orenstein & Loewe" im Deutschen Technikmuseum Berlin (bis März 2014)

Polen, und damit in zwei unterschiedlichen Wirtschaftssystemen. In der Bundesrepublik hat die Hoesch AG ab 1949 den international anerkannten Traditionsnamen von O & K für Schienenfahrzeuge, Omnibusse und Rolltreppen aus ihren Werken in Spandau und Dortmund gern wieder verwendet. Geschäftssitz wurde fortan Dortmund.

Das Unternehmen kümmerte sich viele Jahre auch um die Pflege von Benno Orensteins Familiengrabstätte in Berlin-Weißensee im Ostsektor der Stadt. Die Familie Orenstein stellte nach dem Krieg keine Ansprüche gegen das Unternehmen mehr. Am 19. Juni 1969 ist Alfred Orenstein im Alter von 83 Jahren in Johannesburg (Südafrika) gestorben. Eine Urne mit seinen sterblichen Überresten wurde im Memorial Wall des Friedhofs Westpark Cemetery in Johannesburg beigesetzt.

Infolge der Übernahme des Hoesch-Konzerns durch den Wettbewerber Krupp gelangte O&K ab 1991 zu dieser Firmengruppe und wurde später an andere verkauft. Zuletzt hat man als Teil des Fiat-Konzerns vor allem Baumaschinen produziert, bis die Produktion nach Italien verlagert wurde. Im Juli 2011 verschwand der Firmenname weitgehend vom Markt. Aber das gehört nicht mehr zum Thema.

Orenstein & Koppel in Ostdeutschland

In der sowjetischen Besatzungszone wurde der Traditionsname „Orenstein & Koppel" bereits am 2. Juli 1946 für das Werk im Potsdamer Stadtteil Babelsberg, wie Nowawes inzwischen hieß, in Abstimmung mit der zuständigen Stelle der Sowjetischen Militäradministration und einem Firmenbeirat unter der Bezeichnung „Lokomotivfabrik Orenstein & Koppel Babelsberg" wieder eingeführt, wobei die juristische Stellung

des „Volkseigentums" davon unberührt blieb. In der Folgezeit ging es um die Abtrennung von der noch bestehenden Firma „MBA" in den Westzonen Berlins, die weiterhin einen Teil des Einkaufs für das Werk in Babelsberg bewirkte. Erst am 18. März 1948 wurde zum Jahrhundertjubiläum der 1848er Revolution und zur gleichzeitig fertiggestellten 100. Nachkriegs-Lokomotive die neue Unternehmensbezeichnung „LOWA Lokomotivbau Karl Marx VEB Babelsberg" gewählt (Hinweis von Wolf-Dietger Machel).

Während der folgenden Jahre, bis 1960, hat man in Babelsberg fast sämtliche Neubau-Dampflokomotiven der Baureihen 25, 23^{10}, 50^{40}, 65^{10} und 83^{10} gebaut. Ebenso wurden bis 1970 zahlreiche Strecken-Diesellokomotiven für die DDR und für den Export erzeugt. Im Jahr 1976 wurde der Lokomotivbau in Babelsberg abgebrochen. Jedoch auch das ist eine andere Geschichte.

Selbst heute sind in Potsdam-Babelsberg zahlreiche Arbeiterwohnungen im Grundbuch noch auf die Eigentümerin „Orenstein & Koppel AG" eingetragen. Um eine Zukunft als Gewerbepark für den ruinösen „Cirkus" in Babelsberg, den Benno Orenstein vor nunmehr fast 120 Jahren errichten ließ und den Alfred Orenstein vor beinahe 80 Jahren verlassen musste, wird noch immer gerungen.

Für ihre großzügige Unterstützung beim Zusammenstellen dieses Beitrags sei den Herren Bernard Orenstein, Paul Orenstein, Roland Bude, Schmidt, Walter Ulmann und Hans Henning Zabel herzlich gedankt.

Literatur:
Carsten Bengs: Orenstein & Koppel. 125 Jahre Baumaschinen, Lokomotiven, Traktoren. Brilon 2001
Roland Bude, Klaus Fricke und Martin Murray (Hg.): O&K-Dampflokomotiven. Lieferverzeichnis 1892-1945. Buschhoven 1978
Alfred Gottwaldt: Die Reichsbahn und die Juden 1933-1939. Antisemitismus bei der Eisenbahn in der Vorkriegszeit. Wiesbaden 2011, S. 196
Kurt Pierson: Lokomotiven aus Berlin. Stuttgart 1977, S. 86
Hans-Henning Zabel: Benno Orenstein. In: Neue Deutsche Biographie, Band 19. Berlin 1999, S. 587
Kurt Zielenziger: Juden in der deutschen Wirtschaft. Berlin 1930, S. 166

Rolf Hahmann

Diesellok-Exoten bei der Deutschen Bundesbahn

In den ersten Jahren nach dem Zweiten Weltkrieg hatten die deutschen Eisenbahnen mit dem Instandsetzen des Streckennetzes und der Wiederinbetriebnahme des Dampflokbestandes nach mitunter aufwändigen Reparaturen viel zu tun. Die neu gegründete Deutsche Bundesbahn musste natürlich für die Zukunft planen. Die Dampflok war der Leistungsträger im Schienenverkehr. Kohle für den Betrieb hatte man im eigenen Land. Die westlichen Nachbarn ließen den Dampfbetrieb langsam auslaufen und setzten auf Elektro- und Dieselbetrieb. Elektrifizierte Strecken hatte Deutschland schon lange. Diese nach teilweiser Zerstörung wieder in Betrieb zu nehmen, das war weitgehend erfolgt. Hauptstrecken in Zukunft für den elektrischen Betrieb herzurichten, das brauchte viel Zeit!

Wollte man nicht weiter in den kostenintensiven Dampfbetrieb investieren, blieb als Alternative nur der Dieselbetrieb übrig. Kraftstoff war preiswert zu kaufen. Von der deutschen Wehrmacht waren Stangendieselloks zu bekommen. Etliche waren kriegsbedingt zerstört, andere ließen sich reparieren und konnten von den Eisenbahnverwaltungen in Ost und West eingesetzt werden.

Von der Wehrmacht blieben auch drei Doppellokomotiven im Bereich der Deutschen Bundesrepublik stehen. Vier solcher Maschinen waren von der

V188 001 im August 1963 im Heimat-Bw Gemünden abgestellt

Firma Krupp in Essen in den Jahren 1941/42 für das Eisenbahngeschütz „Dora" gebaut worden. Man wählte die dieselelektrische Kraftübertragung, wie sie in den USA und England üblich war. Eine Anpassung war nicht der Grund, nein, die gesamte elektrische Versorgung der riesigen Geschützeinheit sollte mitversorgt werden können. Große Kriegseinsätze gab es allerdings nicht mehr. Mit acht angetriebenen Achsen und 147 t Gesamtgewicht war die Lok ein richtiger „Brummer". Schnell musste sie nicht sein, Hauptsache, sie war stark. 75 km/h reichten völlig aus.

Die relativ neuen und unverbrauchten Maschinen ausmustern wollte man auch nicht. Zwei Doppellokomotiven wurden, teilweise mit Ersatzteilen der dritten Lok, hergerichtet und als Baureihe V188 in Betrieb genommen. Die Technik der hydraulischen Kraftübertragung hatte Fortschritte gemacht und war nun sogar für Großdieselloks mit zwei Motoren geeignet. Auf den Erfahrungen mit der einmotorigen V80 aufbauend, präsentierte die Firma Krauss-Maffei, München, auf der Internationalen Verkehrsausstellung 1953 die erste Großdiesellok Baureihe V200.

Ohne Auftrag seitens der DB baute Krauss-Maffei auf Basis der V200 eine stärkere sechsachsige Diesellokomotive. Nach Probefahrten und späteren planmäßigen Einsätzen vom Bw Hamm aus sah die DB keine Notwendigkeit für eine Serienfertigung. Die Lok lief lange firmeneigen. 1958 nach dem Einbau verstärkter Motoren lief sie als ML3000 C'C', bis sie 1963 von der DB gekauft und als V300 001 bezeichnet wurde.

Auch die sechsachsige Diesellok V320 001, von Henschel 1962 gebaut, blieb ein Einzelstück. Wo hohe Geschwindigkeiten möglich waren, wurde innerhalb weniger Jahre elektrifiziert. Wo auf nicht elektrifizierten Strecken besonders schwere Züge zu ziehen waren, kamen noch gute Dampflokomotiven, zum Teil mit Ölfeuerung, zum Einsatz. War eine Maschine überfordert, gab es jederzeit die Möglichkeit von Doppeltraktion, sogar mit nur einem Lokführer. Die DB mietete die Lok für zehn Jahre. Der Einsatz war zunächst wie bei der V300 beim Bw Hamm. Hier machte sie die Elektrifizierung der viergleisigen Hauptstrecke nach Hannover arbeitslos. In Kempten konnte sie bis Mietende auf der steigungs- und kurvenreichen Allgäustrecke ihre Kraft beweisen.

Danach übernahm die Hersfelder Kreisbahn die Lok für die schweren Kalizüge. Nach dreijähriger Zeit bei der Teutoburger Wald-Eisenbahn wurde sie 1992 ausgemustert.

Die Industrie versuchte immer wieder, der DB die dieselelektrische Kraftübertragung schmackhaft zu machen. Exportüberlegungen mögen dabei auch eine Rolle gespielt haben. Henschel und BBC bauten Anfang der 1960er Jahre eine dieselelektrische Lokomotive DE2000 mit einem eigenwilligen Aussehen und vier Achsen, die in Plänen der oben genannten V300 und V320 auf Mietbasis von der DB eingesetzt wurde. Krupp und AEG bauten zur gleichen Zeit die DE1500, ähnlich der bekannten V100. Beide dieselelektrischen Loks überzeugten die DB nicht und kamen deshalb zur Westfälischen Landeseisenbahn.

Auch in den 1970er Jahren unternahm Henschel/BBC einen weiteren Versuch mit drei unterschiedlichen dieselelektrischen Lokomotiven, die DB für diese Antriebsart zu begeistern. Vom Bw Mannheim gab es viele Probefahrten und Einsätze. Vieles wurde in der Probezeit geändert, um noch überzeugendere Leistungen zu erbringen.

1989 startete der letzte Versuch einer dieselelektrischen Neuentwicklung von MAK: drei Lokomotiven DE1024, sechsachsig, 117 t Gewicht. Die DB zu überzeugen, dass diese Antriebsart Zukunft hat, schlug fehl.

Launen des Schicksals: Die 30 Jahre lang verschmähte Technik der dieselelektrischen Kraftübertragung bei der Bundesbahn kam nach der Wiedervereinigung mit Übernahme der Reichsbahn Ost in Form der russischen „Heuler" auch auf das Streckennetz in den alten Bundesländern.

Die Eingliederung des Saarlandes bescherte der jungen Bundesbahn zehn französische Diesellokomotiven. Sie wurden schnell durch die leistungsstärkeren und neueren V60 ersetzt. Die als V45 bezeichneten jungen Franzosen fanden in Ausbesserungswerken eine neues Betätigungsfeld.

Die nachfolgenden Fotos sollen noch einmal an diese interessanten Einzelstücke erinnern.

Seitlich auf der Drehscheibe fotografiert, sind die beiden Teile a & b der Doppellokomotive gut zu erkennen

V188 001 bespannt am 15. Mai 1964 einen Güterzug nach Bebra. Fotografiert in der Nähe von Bad Hersfeld

ML3000CC bezeichnete Krauss-Mafei, München, die in Form einer V200 gebaute sechsachsige Diesellokomotive

Eher zum Einsatz für schwere Züge gedacht ist sie als Ersatz für eine Hammer Dampflok der Baureihe 50 eingesprungen. P1640 von Hamm nach Düsseldorf im Januar 1963 bei der Abzweigstelle Hohensyburg, kurz hinter der Ruhr-Lenne-Brücke

V300 001 mit einem Eilzug in Bielefeld im März 1967 ist die ehemalige ML3000 nun im Bundesbahn-Rot. Im selben Jahr wurde sie von Hamm nach Lübeck umstationiert

DE2000 vom Bw Hamm im Vorspann zu 03 1051 mit dem D65 Köln-Norddeich Mole im Mai 1963 in Hagen Hbf

DE2000 vom Bw Hamm mit D109 nach Leipzig im August 1963 bei Ahlen, wo die Güterzuggleise der Strecke Hamm-Bielefeld von der Nordlage auf die Südseite wechseln. In Hamm befinden sich die Güterzuggleise nördlich vom Personenbahnhof. In Ahlen bis Gütersloh sind die Reisezuggleise auf der Nordseite

DE2000 vom Bw Hamm mit D109 nach Leipzig im Juni 1963, kurz vor dem Bahnhof Oelde

DE2000 vom Bw Hamm mit D112 nach Köln im März 1965 bei der Durchfahrt Bahnhof Oelde. Ein Eilzug hat den Bahnhof gerade in Richtung Bielefeld verlassen

Die dieselelektrische Lok DE1500 von Krupp/AEG ist 1964 im kleinen Lokschuppen des Bw Hagen-Eckesey für weitere Versuchsfahrten hinterstellt

Die dieselelektrische Lok DE1500 von Krupp/AEG ist von der Westfälischen Landeseisenbahn übernommen worden und trägt dort die Bezeichnung DE0901. 1972 ist sie bei Brilon am Schluss eines Sonderzuges auf der Brücke über die junge Möhne zu sehen. Heute ist hier der Möhnetalradweg

V320 001 ist die stärkste dieselhydraulische Lok mit 4100 PS auf sechs Achsen, einer Länge von 23 Metern und einer Dienstmasse von 122 t. Gebaut hat sie Henschel in Kassel 1962. Von der Deutschen Bundesbahn abgenommen wurde sie am 15. Januar 1963. Die zulässige Höchstgeschwindigkeit betrug 160 km/h. Im Februar 1964 passierte sie mit dem Interzonenzug D112 Berlin-Köln das Einfahrsignal des Bahnhofs Oelde

232 001-8 war ab 1968 die neue Bezeichnung für die V320

232 001-8 mit D362 München-Lindau-St. Margarethen-Zürich-Genf bei der Einfahrt Lindau Hbf im Juli 1970. Der Zug macht hier Kopf und wird von einer österreichischen E-Lok nach Bregenz gebracht

219 001-5, die ehemalige V169 001, ist eine mit Gasturbine ausgerüstete Lok aus der V160-Familie. Fotografiert im Juli 1970 mit dem D362 München-Genf bei der Einfahrt in den Bahnhof Lindau Hbf. Die positiven Ergebnisse führten zum Bau von acht Lokomotiven aus der 218-Produktion mit Gasturbine, die als BR 210 bezeichnet wurden und ebenfalls in Kempten für die Allgäustrecke beheimatet wurden

210 006-3 und eine weitere Gasturbinenlok im Januar 1970 beim Halt in Röthenbach/Allgäu

202 003-0, dieselelektrische Lok von Henschel und BBC mit der Firmenbezeichnung DE2500 im Bw Mannheim 1973

202 004-8, eine weitere Henschel DE2500, wurde am 12. Juni 1979 in Hamburg bei einer Präsentation fotografiert

240 002-6 Eine von drei dieselelektrischen Lokomotiven von MAK mit der Firmenbezeichnung DE1024 beim Umsetzen in Hamburg Hbf am 13. Juni 1992

245 004-7 ist hier die zweite Rangierlok in Paderborn Nord im Februar 1980. Auch 245 010-4 gehörte zum Bestand des AW Paderborn

DR.-ING. KARL RAAB, OBERREGIERUNGSRAT

DB-Eisenbahn-Zentralamt Minden (Westf.)

DIE NEUEN KOMBINIERTEN OFFENEN UND GEDECKTEN GÜTERWAGEN DER DEUTSCHEN BUNDESBAHN

Die Deutsche Bundesbahn hat vor zwei Jahren einen neuen Güterwagentyp in Betrieb genommen. Es ist dies der in Abb. 1 dargestellte Schiebedachwagen, der unter dem Gattungszeichen Kmmks läuft. Dieser Wagen wurde als Beitrag zur Mechanisierung und Erhöhung der Produktivität geschaffen. Mit einer Versuchsserie von 130 Wagen wurde er erprobt und hat sich, abgesehen von wenigen Kinderkrankheiten, bestens bewährt. Die Bewährung bezieht sich nicht nur auf die Konstruktion, sondern vor allen Dingen auf die Verkehrsleistungen, die dieser Wagen bewältigt hat.

Abb. 1
Schiebedachwagen Kmmks

Aus der zunehmenden Mechanisierung ergab sich zunächst die Aufgabenstellung. Bei dem offenen Wagen und dem Flachwagen ist die mechanische Beladung keine Frage der Wagenkonstruktion. Dagegen verhindern die festen Dächer der gedeckten Wagen die Anwendung der üblichen Be- und Entladeeinrichtungen. Das Ladegut muß durch die Seitenwandöffnungen ein- und ausgeladen werden. Der Einsatz von Gabelstaplern beim Transport durch die Türen konnte infolge der beschränkten Einsatzmöglichkeit das Problem nicht lösen. Er setzt Rampen in Fußbodenhöhe voraus und kann bei schweren, sperrigen Gütern nicht eingesetzt werden. Dagegen ist man bei Öffnung der Dächer weitgehend in der Auswahl des Ladegutes freizügig und kann die fast überall vorhandenen Krananlagen benutzen (Abb. 2). Das Bedürfnis hierzu war eine der wesentlichen Ursachen der Abwanderung von verschiedenen nässeempfindlichen Gütern auf die Straßentransporter. Die Rückgewinnung dieser Güter durch die Schiebedachwagen hat dies sehr bald bestätigt.

Aber noch ein weiterer Gedanke trieb zu der Entwicklung der Schiebedachwagen. Das Verkehrsaufkommen ist nicht so ausgeglichen, daß für einen ununterbrochenen Kreislauf Ladegut für offene oder gedeckte Güterwagen zur Verfügung steht. Es müssen Leerläufe der Wagen in Kauf genommen werden, um in den Schwerpunkten

Abb. 2
Bequeme Be- und Entladung
mittels vorhandener
Krananlagen

des Verkehrsaufkommens stets genügend offene oder gedeckte Wagen zur Verfügung zu haben. Vielfach ist es aber so, daß in der einen Richtung ein großer Strom von Ladegütern für offene Wagen und in der entgegengesetzten Richtung ein Strom von Ladegütern für gedeckte Wagen fließt. In beiden Richtungen müssen fortlaufend leere Wagen gefahren werden. Das gilt z. B. im innerdeutschen Verkehr für das Ruhrgebiet, aus dem die Kohle auf offenen Wagen in großen Mengen transportiert wird, während auf der anderen Seite eine große Menge von anderen Gütern mit gedeckten Wagen in dieses Gebiet geschafft werden muß. Auch international sind solche Verkehrsströmungen in Abhängigkeit von der Fahrzeuggattung zu beobachten. Der Strom von beladenen offenen Wagen ist z. B. von Deutschland nach Frankreich größer, dagegen der von beladenen gedeckten Wagen von Frankreich nach Deutschland größer als umgekehrt. Bei der Betrachtung solcher Verkehrsströme entstand der Gedanke, einen kombinierten Güterwagen zu schaffen, der sowohl die Güter für offene als auch gedeckte Verladung übernehmen kann; denn nur auf diese Weise erscheint es möglich, eine weitgehende Kompensation in der Wagengestellung bei Bedienung der Verkehrsströme für offene und gedeckte Wagen zu schaffen.

Im Endziel soll also der Schiebedachwagen einen doppelten Erfolg bringen: Er soll einmal durch die Möglichkeit der mechanischen Be- und Entladung von oben nässeempfindliche Güter wieder auf die Schiene ziehen und außerdem eine Ersparnis an Leerläufen und dadurch eine Verringerung der Betriebskosten und der Zahl der vorzuhaltenden Fahrzeuge bringen. Während der wirtschaftliche Erfolg durch Verkehrsrückgewinnung sofort erreichbar ist, kann der durch die Kombination des offenen und gedeckten Wagens gesuchte Erfolg nur erwartet werden, wenn eine größere Anzahl solcher Wagen im Verkehr ist.

Da der neue Schiebedachwagen also sowohl ein offener als auch ein gedeckter Wagen sein soll, muß er weitgehend beiden gebräuchlichen Wagentypen entsprechen. Da in den letzten Jahren die europäischen Eisenbahnen die Abmessungen ihrer Regelgüterwagen international genormt haben, wurden diese auch der Entwicklung der Schiebedachwagen zugrunde gelegt.

1	2	3	4	5	6	7	8	9	10	11
Lfd. Nr.	Bauart	Länge über Puffer	Achs-stand	Lade-länge	Lade-breite	Lade-fläche	Laderaum	Eigen-gew.	Höchstes Lade-gew.	Höchst-geschwindigkeit
		m	m	m	m	m²	m³	t	t	km/h
1	G-Wagen Typ 1	9,000	4,850	7,680	2,700	21	50 mit Dachraum	10,4	20,0	100
2	G-Wagen Typ 2	10,580	5,700	9,260	2,700	25	60 mit Dachraum	11,4	20,0	100
3	O-Wagen Typ 1	9,000	4,850	7,760	2,760	21	36 bis Obergurt	10,6	28,0	80
4	O-Wagen Typ 2	10,000	5,400	8,760	2,760	24	36 bis Obergurt	10,5	28,0	80
5	Kmmks	10,000	5,400	8,760	2,760	24	41 bis Obergurt 50 mit Dachraum	11,3	27,5	100
6	KKfks	14,200	8,900	12,770	2,796	35	70 bis Obergurt 83 mit Dachraum	21,6	56,0	100
7	Gltmehks	12,500	6,800	11,180	2,710	30	76 mit Dachraum	13,0	20,0	100

Ein Vergleich der Spalten 3 und 4 mit der Spalte 5 vorstehender Tabelle zeigt, daß der Kmmks-Wagen, als offener Wagen eingesetzt, alle verkehrlichen Bedingungen, die an den offenen IEV-Wagen Typ 2 bei der internationalen Normung gestellt wurden, erfüllt. Der Laderaum ist bis zum Obergurt sogar 5 m³ größer.

Der Kmmks-Wagen hat auch die für O-Wagen geforderten Stirnwandklappen. Er ist also auch über Stirnkipper bei Schüttgut entladbar (Abb. 3). Er hat Seitenwandtüren und entspricht in den sonstigen baulichen Einzelteilen den internationalen Forderungen für O-Wagen.

Ein Vergleich der Zeile 5 der Tabelle mit den gedeckten IEV-Typen in den Zeilen 1 und 2 zeigt, daß er hinsichtlich seiner Abmessungen zwischen dem G-Wagen Typ 1 und 2 liegt. Flächenmäßig entspricht er mehr dem größeren gedeckten Wagen Typ 2, raummäßig gleicht er dem gedeckten Wagen Typ 1. Der geringere Raum ist in erster Linie darauf zurückzuführen, daß die Seitenwandhöhe nur 1,70 m gegenüber 2 m bei den gedeckten Wagen beträgt. Auf eine Höhe von 2 m wurde bei dem Kmmks-Wagen zunächst verzichtet, weil erstens bei Verwendung als O-Wagen eine geringere Höhe ausreichend ist und zweitens befürchtet wird, daß nicht alle Krananlagen es gestatten, hohe Ladegüter über eine größere Höhe als 1,70 m über Wagenfußboden bzw. 3 m über Schienenoberkante zu heben. In dieser Beziehung werden die weiteren Erfahrungen mit einigen 4achsigen kombinierten gedeckten und offenen Versuchswagen mit 2 m Seitenwandhöhe noch abgewartet.

Abb. 4 zeigt einen solchen Wagen, der ebenso für Schüttgüter wie für nässeempfindliche Güter Verwendung finden kann. Da es für 4achsige Wagen keine Stirnkipper gibt, kann dieser Wagen bei Schüttgütern nur mit Greifern entladen werden. An Stelle der Stirnwandklappen hat er Stirnwandtüren. Wie die 2achsigen Schiebedachwagen, werden auch diese Wagen viel zum Transport von Karosserieblechen eingesetzt und können auf dem Rücktransport mit 3 Pkw. beladen werden (Abb. 5). So ergeben sich für die Schiebedachwagen viele Kombinationsmöglichkeiten für Hin- und Rücklauf ohne oder ohne wesentliche Leerläufe. Aus Zeile 6 der Tabelle sind die Daten für die verkehrliche Verwendbarkeit dieser 4achsigen KKtks-Wagen zu entnehmen.

Abb. 3 Stirnwandklappe für Schü

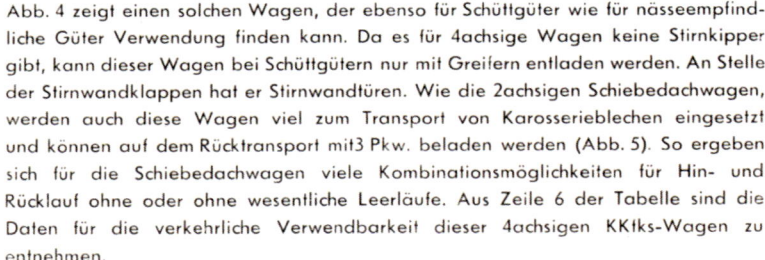

Abb. 4 Vierachsiger kombinierter Versuchswagen   Abb. 5 Der vierachsige Wagen bietet Raum für 3 Pkw.

Abb. 6 Großraum-Kombinationswagen (Gltmehks)

Die Kmmks- und KKfks-Wagen sind im Wagenaufbau mehr den offenen Wagen angeglichen. So haben sie auch Seitenwanddrehtüren, während die gedeckten Wagen meist Schiebetüren besitzen.

Die Kmmks-Wagen haben keine Lüftungsklappen. Die KKfks-Wagen mit hohen Seitenwänden sind dagegen mit 3 Lüftungsklappen an jeder Seite ($6\times0,5 = 3$ m²) ausgerüstet.

Um auch die verkehrliche Verwendbarkeit eines mehr an den gedeckten Wagen im Kastenaufbau angeglichenen Schiebedachwagens studieren zu können, werden von der DB auch einige in Abb. 6 gezeigte Gltmehks-Wagen eingesetzt. Diese großräumigen gedeckten Wagen, deren Hauptmerkmale in Zeile 7 der Tabelle angegeben sind, haben Stirnwandtüren und Seitenwandschiebetüren. Während die Kmmks- und KKfks-Wagen auch im Kohleverkehr eingesetzt werden können, wird man diese im Kastenaufbau empfindlicheren Gltmehks-Wagen zweckmäßig in anderen kombinierten Verkehren verwenden. Sie entsprechen mit einem Lüftungsquerschnitt von 2,8 m² den in dieser Richtung auch international gestellten Forderungen. Sie sind z. B. geeignet für Transporte von Getreide in loser Schüttung,

Abb. 7 u. 8 Zur Bedienung des Schiebedaches ist nur 1 Mann erforderlich

korrosionsempfindlichen Stählen, Fahrzeugen, Stückgütern, Gemüsen, Früchten usw. Das Ladegewicht dieser Wagen beträgt in Anlehnung an die gedeckten Wagen auch nur 20 t.

Die Konstruktion und die Bedienung der Schiebedächer ist denkbar einfach. Sie bestehen aus zwei vollkommen gleichen Hälften, die sich wahlweise übereinanderschieben lassen. In der Wagenmitte ist ein starkes Querjoch, das die Obergurte der Wagenwände zusammenhält und auf diese Weise eine bleibende Spurweite der Obergurtschienen gewährleistet. Die Bedienung des Daches geschieht von oben. Über Leitern, Bedienungsbühnen und Laufstege gelangt das Bedienungspersonal auf die Wagenmitte (Abb. 7). Es ist nur 1 Mann erforderlich, da die Dachhälften aus Leichtmetall sind. Auf das Querjoch stützt sich die Hubvorrichtung der Dachhälften beim Übereinanderschieben so lange ab, bis die Räder der gehobenen Dachhälfte auf den Dachschienen der unteren Dachhälfte aufstehen (Abb. 8). Das Heben und Senken der hinteren Laufräder geschieht mittels eines geneigten Endstückes der Obergurtschienen.

Das im geschlossenen Zustand durch die Trennfugen evtl. eintretende Regenwasser wird durch Wasserauffangrinnen wieder nach außen geleitet. Es sind keine schwer zu unterhaltenden Gummidichtungen vorhanden.

Bezüglich der Höchstgeschwindigkeit erfüllen alle Schiebedachwagen die an gedeckte Wagen international gestellten Forderungen einer Höchstgeschwindigkeit von 100 km/h.

Bei den Kmmks-Wagen beträgt bei geöffneter Dachhälfte die freie Ladelänge 3,895 m, bei den Gltmehks-Wagen 5,25 m und den KKfks-Wagen 6 m. Es sind auch einige Wagen mit 8 m freier Ladelänge in Bau.

Die verkehrlichen Erfolge mit diesen ersten Schiebedachwagen sind außerordentlich groß. Es wurde fast ausschließlich Ladegut befördert, das auf die Straße abgewandert war. Wesentlich war dabei, daß es sich um hochtarifierte Güter handelte, die zu sehr erfreulichen Einnahmen führten. Aus diesem Grunde hat sich die Deutsche Bundesbahn entschlossen, weitere 650 Schiebedachwagen in Auftrag zu geben, deren Auslieferung jetzt beginnt.

Auch das Interesse des Auslands für derartige Wagen ist sehr groß. Daher hat der Internationale Eisenbahnverband auf seiner letzten Sitzung die Deutsche Bundesbahn gebeten, über die Bewährung dieses neuen Güterwagentyps zu berichten.

❊

Udo Paulitz

Türkische Dampfloks im Sonderzugdienst

Ein Bilderbogen mit Rückblick

D er Lokomotivbestand der türkischen Staatsbahnen stützt sich spätestens seit dem Ersten Weltkrieg überwiegend auf preußische und deutsche Konstruktionen. Daher nimmt es nicht wunder, dass es nach dem Ende des Planbetriebs bei der Deutschen Bundesbahn im Jahr 1977 besonders viele deutsche Eisenbahnfreunde in das Land zog. Von der bis weit in die 1990er Jahre noch vorhandenen recht großen Loktypenvielfalt, aufgenommen in einer überaus reiz-

vollen Landschaft, soll dieser Bilderbogen berichten. Zuvor aber sei noch ein kurzer geschichtlicher Rückblick auf die Entwicklung des türkischen Eisenbahnwesens im Allgemeinen und der Dampflokomotive im Besonderen gestattet.

Offiziell wurde der Dampfbetrieb bei den Türkischen Staatsbahnen zu Beginn des Jahres 1986 für beendet erklärt. Bereits Mitte der 1980er Jahre hatte die Türkei die Unterhaltung von Dampflokomotiven stark reduziert. An den äußerlich immer ungepflegteren Maschinen wurde in der Regel nur noch das betrieblich Notwendigste instandgesetzt. Mit dem genannten Jahr gehörte der Dampfbetrieb allerdings nicht schlagartig der Vergangenheit an. Es existierten in einigen Regionen weiterhin zahlreiche Maschinen, auf die bis in die frühen 1990er Jahre infolge des allgemeinen Lokmangels aber auch als Diesellokersatz nicht verzichtet werden konnte. Technisch allerdings war es um diese Lokomotiven meist nicht gut bestellt. Fast alle waren mehr oder weniger stark abgewirtschaftet und nur bedingt einsatzfähig. Trotzdem gelang es dank des Engagements der örtlichen Dienststellen und Werkstatteinrichtungen auch im folgenden Jahrzehnt, verschiedene Dampflokomotiven für

Die Lokomotiven 55.043 und 56.520 bei der Ausfahrt aus einem Tunnel bei Türkmentepe

55.043 und 56.520 bei einem Unterwegs-Halt im Bahnhof Alasehir

touristische Einsätze in einen zumindest zufrieden-
stellenden technischen Zustand zu versetzen, sodass
diese für Sonderzugfahrten betriebsbereit zur Verfügung standen. In erster Linie wurden diese vorbildge-
recht als GmP (Güterzug mit Personenbeförderung)
zusammengesetzten Sonderzüge von kleineren Grup-
pen von Eisenbahnfreunden aus aller Welt gechartert,
wobei deutsche und später auch englische Veranstal-
ter die Hauptrolle spielten.

In den 1980er Jahren stellte die Türkei eines der
lukrativsten Reiseziele für Dampflokfreunde aus der
ganzen Welt dar. Diese kamen zumeist als Einzelrei-
sende. Organisierte Gruppenreisen nahmen erst ab
den späten 1980er Jahren ihren Anfang. Ungeachtet
der noch überall in den Kinderschuhen steckenden
touristischen Infrastruktur bei oft improvisierten
Unterbringungs- und Verköstungsmöglichkeiten
stand eines fest: Wer die dortige Staatsbahn „Turkiye
Cumhuriyet Devlet Dirmiryollari" (TCDD) mit
ihrem weitmaschigen Streckennetz besuchte, fühlte
sich in eine nostalgische, längst vergangene, und dazu
völlig fremdartige Eisenbahnwelt versetzt. Neben der
nicht selten spektakulären, grandiosen Landschaft
war es vor allem die selbst zum Schluss noch recht

große Typenvielfalt an Dampflokomotiven aus aller
Herren Länder, die begeisterten und allesamt noch im
täglichen Plandienst angetroffen werden konnten.
Namhafte Lokomotivhersteller wie ALCO, Baldwin,
Borsig, Henschel, Schwarzkopff, Nohab, Skoda und
andere zeichneten für den Bau von Dampflokomotiven verantwortlich, die bei der türkischen Eisenbahn
zum Einsatz gelangten. Vor allem für Freunde deutscher Lokomotiven war die Türkei ein Paradies.
Schließlich wurden dort zahlreiche Baureihen eingesetzt, die ihre enge Verwandtschaft wenn nicht gar
Baugleichheit zu preußischen Konstruktionen oder
zu den Einheitslokomotiven der Deutschen Reichsbahn (DRG) nicht verleugnen konnten. Dass die
enorme Baureihenvielfalt zu einem geradezu charak-
teristischen Kennzeichen für die TCDD bis in die
jüngste Zeit werden konnte, ist historisch begründet.
Insgesamt besaßen die TCDD seit ihrer Gründung
nicht weniger als 72 verschiedene Baureihen, davon
52 Schlepptender- und 20 Tenderlok-Gattungen.

Im 19. Jahrhundert war das Osmanische Reich in
Verwaltung, Politik, Wirtschaft und Verkehr gegenüber den europäischen Großmächten stark ins Hinter-
treffen geraten. Das ging so weit, dass dieses, mitunter

als der „kranke Mann am Bosporus" bezeichnete marode Staatgefüge, fast zum Spielball der auf wachsenden imperialistischen Einfluss bedachten Mächte wie Russland, England, Frankreich, später aber auch des Deutschen Reiches, wurde. Diese Industrienationen und das Finanzkapital versuchten, oftmals in gegenseitiger Konkurrenz, sich die besten Stücke aus dem Kuchen zu sichern. Eisenbahngesellschaften waren für dieses Vorhaben ein vorzügliches Instrument. Als Folge des Krimkrieges von 1853 bis 1856 verstärkten sich der ausländische Einfluss und das Interesse an den wirtschaftlichen Aktivitäten des Osmanischen Reiches. Dabei kam es zunächst zum Bau weniger Stichbahnen von der Küste ins Hinterland, die ausschließlich den Wirtschaftsinteressen der ausländischen Kapitalgeber dienten. Sie erleichterten den Export von Rohstoffen und die Einfuhr von Waren, berücksichtigten die osmanischen Interessen aber in keiner Weise. Die erste 73 Kilometer lange, von der Hafenstadt Izmir nach Aydin führende Bahnlinie wurde 1856 von England gebaut und 1860 in Betrieb genommen. Weitere, auch von Frankreich und dem Deutschen Reich initiierte Linien folgten. Bis zum Beginn des Ersten Weltkrieges waren auf diese Weise 3850 Kilometer Privatbahn-Linien entstanden, wozu auch die unter deutscher Regie stehende Bagdadbahn zählte. Hinzu kamen weitere 1533 Kilometer Bahnstrecken, die hauptsächlich vom türkischen Staat finanziert worden waren. Diese willkürliche „Eisenbahnpolitik" führte zwar zu einzelnen Verbindungen, nicht aber zu einem homogenen Eisenbahnnetz. Daher konnte man bis zum Ende des Ersten Weltkrieges von keiner kontinuierlichen Entwicklung sprechen.

Nach Gründung der Republik Türkei im Jahr 1923 wurden in der Eisenbahnpolitik des Landes zwei grundsätzliche Ziele verfolgt: 1. Überführung der in ausländischem Eigentum befindlichen Bahnen in eine türkische Staatsbahn und 2. Ausbau des Bahnnetzes nach nunmehr ausschließlich volkswirtschaftlichen türkischen Interessen. Mit Gesetz vom 23. Mai 1927 wurde die Türkische Staatsbahn (TCDD) gegründet. Bis 1939 entstanden nicht weniger als 3221 Kilometer neuer Eisenbahnstrecken. Es dauerte aber bis 1948, bis sich das gesamte Streckennetz in der Obhut der TCDD befand. Damit war die Verstaatlichung der Eisenbahnstrecken in der Türkei abgeschlossen.

In der Nachkriegszeit traf die Regierung die folgenschwere Entscheidung, Straßenbau und Motorisierung völlig einseitig zu Lasten des Eisenbahnbaus

Die Lokomotiven 55.043 und 56.520 überqueren die markante Fischbauchträgerbrücke bei Konaklar

zu bevorzugen. Eine ganze Reihe geplanter Bahnprojekte fielen dieser neuen Zielsetzung zum Opfer. Bis Mitte der 1950er Jahre war die Eisenbahn in der Türkei das wichtigste Verkehrsmittel. Seitdem wurde sie wegen des Straßenverkehrs stetig unbedeutender. Zwischen 1950 und 1997 wuchs das Straßennetz um 80 %, das Schienennetz jedoch nur um 11 %. Die Länge des heutigen TCDD-Streckennetzes beträgt rund 11.000 Kilometer. Davon sind etwa 20 % elektrifiziert. Der Anteil der Eisenbahn am türkischen Gesamtverkehr beträgt mittlerweile nur noch 10 % und der Reisezugverkehr ist nur noch ein Schatten seiner selbst. Ein nicht unerheblicher Teil des Gleisnetzes und der eisenbahntechnischen Infrastruktur sind überaltert.

Durch die früheren Bahngesellschaften im Osmanischen Reich fand ein Aufbau einer eigenen Eisenbahnindustrie nicht statt. Stattdessen wurde sämtliches Material wie Lokomotiven, Waggons und Gleismaterial von der jeweiligen Industrie des Mutterlandes eingeführt und dem Osmanischen Reich - meist zu völlig überzogenen Preisen - in Rechnung gestellt,

was letztendlich zu einer hohen Verschuldung gegenüber den fast als Kolonialmächten agierenden Industrienationen führte. Fast noch entscheidender aber war die Tatsache, dass die Hohe Pforte (= Türkische Regierung) nicht mehr Herr im eigenen Land war.

Geografisch stellte das Land an die Bahn-Erbauer einige Ansprüche. Da das Land größtenteils aus der anatolischen Hochfläche mit Durchschnittshöhen im Westen von etwa 1000 m bis über 2000 m im Osten bestand, lag die Hauptschwierigkeit in der Überwindung der erheblichen Höhenunterschiede. Vor allem die vom Küstenbereich ins Landesinnere zu bewältigenden, oftmals enormen Steigungen erschwerten den Bahnbau massiv. Die dabei häufig erforderlichen Kunstbauten ließen die Kosten in die Höhe schnellen. In nicht wenigen Fällen hatten die fast ausschließlich eingleisigen Strecken Gebirgsbahncharakter mit steilen Rampen, engen Gleiskrümmungen, in Felswände gehauene Trassen, Tunnel, Brücken und Viadukte.

Ebenso wie der Streckenbau stellten die Lokomotiven besondere Anforderungen an die topografischen Gegebenheiten. Zunächst waren fast alle der

Die Lokomotive 55.034, aufgenommen im Jahr 1989 im Depo Dinar, stammt ebenfalls aus dem bis 1928 von der TCDD in Dienst gestellten letzten Baulos dieser Baureihe

Mit geöffneten Zylinderhähnen setzt Lok 55.034 zurück

seit 1927 von den Türkischen Staatsbahnen beschafften Dampflokomotiven vier- oder fünffach gekuppelt, was für ihren Einsatz auf Steilstrecken von Vorteil war. Besonders verbreitet war die Achsfolge 1' E, von der zwischen 1937 und 1955 insgesamt 355 Maschinen von verschiedenen Herstellern in Deutschland, Österreich, England, der Tschechoslowakei und den Vereinigten Staaten geliefert wurden. Hinzu kam der raue Betrieb, der überdies noch unter einfachsten Bedingungen aufrechterhalten werden musste. Dieses erforderte bewährte, robuste und einfache Konstruktionen ohne komplizierte technische Verfeinerungen oder gar besondere bedienungstechnische Ansprüche. Und gerade weil relativ wenige Maschinen in die Türkei geliefert wurden, erreichten einige Lokomotiven der Gründerjahre eine verblüffend lange Lebensdauer. Teilweise blieben einzelne Exemplare aus den 1870er Jahren bis weit in die 1970er Jahre im Werkstättenverschub oder in anderen untergeordneten Diensten im Einsatz, während technisch ausgefeilte und aufwändig zu unterhaltende Typen Ausnahmeerscheinungen blieben und recht bald ihren Dienst quittieren mussten. Hierzu gehörte auch eine 1927 von Beyer-Peacock gelieferte 1' D + D' 1 gekuppelte Gar-

rat-Lokomotive, die nur ein kurzes Gastspiel auf türkischen Gleisen bot. Besonders mehrzylindrige Bauarten konnten sich aufgrund ihrer pflegebedürftigen, präzisen Konstruktion nicht lange halten und wurden von den Personalen weitgehend gemieden. Neben einer Vierzylinder-Verbund-Bauart von Maffei, die 1908 in drei Exemplaren an die europäische Orientalische Bahn geliefert wurde, trifft dies vor allem auf die nach dem Zweiten Weltkrieg über Frankreich gebraucht an die TCDD übergebenen Dreizylinderlokomotiven der Baureihe 44 der Deutschen Reichsbahn zu, die trotz ihrer hohen Leistung bereits Mitte der 1970er Jahre abgestellt und ausgemustert wurden. Selbst die großen, der deutschen Baureihe 85 weitgehend entsprechenden Lokomotiven der Reihe 57.01 – 04 von 1953 konnten den türkischen Einsatzbedingungen und der Behandlung nicht lange standhalten und verschwanden bis 1976 völlig.

Bestens bewährt hingegen haben sich anspruchslose Zweizylinderbauarten mit einfacher Dampfdehnung, die selbst bei der Verwendung türkischer Steinkohle mit ihrem extrem hohen Schwefelgehalt problemlos Dampf erzeugen konnten. In erster Linie trifft dies auf Vertreter der preußischen Standardbau-

Blick auf den dreiachsigen Tender des Typs 3 T 16,5 preußischer Bauart. Der mit Lok 55.034 gekuppelte Tender hat ein Fassungsvermögen von 16,5 cbm Wasser und 7 t Kohle

reihen G 8, G 8² und G 10 zu, denen mit den Baureihen 46.0 und 57.0 in den 1920er Jahren zwei speziell auf türkische Einsatzverhältnisse (insbesondere bezüglich der eingeschränkten Achslast von kaum mehr als 15 t) maßgeschneiderte Weiterentwicklungen folgten.

In dem verständlichen Bemühen um Standardisierung lehnten sich die TCDD bei ihrer auf Modernisierung ausgerichteten Neubaupolitik zunächst eng an die preußischen Normalien an und entwickelten diese weiter. Dem Vorbild der Deutschen Reichsbahn folgend, schwenkten die Türkischen Staatsbahnen seit Anfang der 1930er Jahre auf ein Typenprogramm ein, das in naher Verwandtschaft zu deren Einheitslokomotiven stand. Der Auftrag erging ausschließlich an deutsche Lokomotivhersteller, die wesentliche Baugrundsätze der deutschen Einheitsloks, eingeschlossen natürlich auch ihrer konstruktiven Mängel, auf das zu erstellende Neubauprogramm anwendeten. Die Baureihe 46.05 für den schweren Schnellzugdienst im Hügelland und der 56.0 als schwerer Güterzuglok ähnelte nicht nur äußerlich den zeitgenössischen deutschen Einheitslokomotiven. Von den mehr

als 100 bestellten Einheiten der Baureihe 56.0 konnten jedoch aufgrund des mittlerweile ausgebrochenen Zweiten Weltkrieges nur 79 Maschinen an die TCDD übergeben werden. Die Konzentration auf die vereinfachten Kriegsbauarten der Baureihen 42 und 52 seit dem Jahr 1942 verhinderte die Fertigstellung des gesamten Bauloses. Als Zeichen des guten Willens lieferte das Deutsche Reich 1943 schließlich zehn fabrikneue Lokomotiven der Baureihe 52 an die TCDD, denn schließlich wollte man die neutrale Türkei, um deren Gunst auch die Alliierten buhlten, nicht unnötig verärgern. Auch England und die USA versuchten sich durch Lokomotivlieferungen bei der türkischen Regierung beliebt zu machen.

Die deutschen Kriegsloks bewährten sich aber so gut, dass nach und nach 43 weitere neuwertige Maschinen von der Reichsbahn übernommen wurden. Die Vorteile der entfeinerten Kriegsbauart lagen auf der Hand. Die Konstruktion war auf eine material- und zeitsparende Fertigung, bei leichter Austauschbarkeit der wichtigsten Baugruppen, ausgerichtet, wobei auf alle nicht unbedingt für den Betrieb notwendigen technischen Feinheiten verzichtet wurde. Zu einer der wichtigsten Voraussetzung zählte bei einem Einsatz auf leichtem Oberbau bei den im Kriegsdienst eingeschränkten Wartungsmöglichkeiten ein Kessel, der trotz schlechter Brennstoffe ausreichend Dampf erzeugen konnte. Mit diesem Konzept erschien die Baureihe 52 für einen Einsatz auf dem türkischen Schienennetz geradezu wie geschaffen. Bei einer Höchstgeschwindigkeit von 80 km/h, die von den meisten türkischen Maschinen ohnehin nicht erreicht wurde, konnte die Baureihe 52 sogar im hochwertigen Schnellzugdienst verwendet werden. Trotz aller Lokomotivzugänge während der Kriegsjahre bestand weiterhin großer Bedarf an den nicht gelieferten deutschen Maschinen der Baureihe 56.0. Infolge der in den ersten Nachkriegsjahren den deutschen Lokomotivfabriken auferlegten Exportbeschränkungen erklärten sich 1948 im Rahmen eines Wirtschaftsabkommens englische Hersteller bereit, die deutsche Konstruktion unverändert nachzubauen. Eine weitere, leicht veränderte Serie folgte 1949 von den tschechischen Herstellern CKD und Skoda.

Da durch amerikanische Kriegsloklieferungen in der Nachkriegszeit der türkische Eisenbahnmarkt für die USA schon einmal geöffnet war, erschien ab 1948 mit der Baureihe 56.3 ein neuer Dampfloktyp auf türkischen Schienen. Diese 88 von Vulkan Iron Works gelieferten, typisch amerikanischen Maschinen stellten an Zugkraft und Baugröße alles bisherige in den Schatten. Ob ihrer vom Führerhaus bis zur Rauchkammer durchlaufenden Domverkleidung wurden diese schon zu Beginn der 1980er Jahre immer seltener werdenden Maschinen von englischen Eisenbahnfreunden auf den Namen „Skyliner" getauft.

Zu Beginn der 1950er Jahre hatte der Lokomotivbestand der TCDD mit rund 1000 Einheiten ihren Höchststand erreicht. Hiervon standen in den frühen 1980er Jahren immer noch rund 500 Maschinen im Einsatz. Die Typenbereinigung der Vorjahre hatte vornehmlich die Lokomotiven englischer Herkunft aus der Privatbahnzeit erfasst, sodass nun hauptsächlich Maschinen deutscher Herkunft das Bild des TCDD-Lokomotivparks prägten. Die ersten im Jahr 1985 in Dienst gestellten Streckendieselloks verführten die TCDD dazu, das Ende des Dampfbetriebes etwas vorschnell zu Beginn des Jahres 1986 zu erklären. Technische Probleme mit den neuen Maschinen führten allerdings dazu, dass das gute alte Dampfross sich nicht selten als Retter in der Not erwies. Nach Plänen, die aus der Mitte der 1980er Jahren stammten, sollten zunächst etwa 200 bis 250 Dampflokomotiven als strategische Reserve und für Sonderfahrten vorgehalten werden. Das hatte zur Folge, dass etwa bis Ende der 1990er Jahre solche Dampflokfahrten durchgeführt werden konnten, wobei technische Defekte der abgewirtschafteten Lokomotiven nicht selten zu verzeichnen waren.

Die Dampffahrten durch die grandiose anatolische Landschaft gehören mittlerweile leider fast vollständig der Vergangenheit an. Nach dem aktuellen Stand sollen sich heute noch zwei bis drei Dampflokomotiven der ehemaligen Kriegslok-Baureihe 52 in einem halbwegs einsatzfähigen Zustand befinden. Zu diesen Maschinen gehört die 56 548, die ehemals 1943 bei den Wiener Lokomotivfabriken in Floridsdorf gebaute 52 7429.

Genießen Sie daher den hier dargebotenen, aus den späten 1980er und frühen 1990er Jahren stammenden Bilderbogen.

Baureihe 55.001 – 049

Diese E-gekuppelte Zweizylinder-Heißdampflokomotive wurde zwischen 1912 und 1928 in insgesamt 49 Exemplaren in Dienst gestellt. Diese Maschinen entsprachen der Baureihe G 10 der Preußischen Staatsbahn, wobei die ersten sechs Einheiten Lokomotiven aus ihrem Bestand waren. Um den dringenden Bedarf an größeren Güterzuglokomotiven zu decken, folgten zwischen 1924 und 1928 weitere Bestellungen über 43 Stück, die bei Henschel, Schwarzkopff und Nohab entstanden. Mit 1400 mm Treib- und Kuppelraddurchmesser, einer indizierten Zugkraft von 16.850 kg und 65 km/h Höchstgeschwindigkeit entsprach diese Leistung der preußischen Güterzuglok G 10 und späteren Reichsbahn-Baureihe 57, die bis 1925 in 2.589 Einheiten beschafft wurde.

Baureihe 57.001 – 027

Diese 1' E 1'-Maschinen wurden zwischen 1933 und 1937 von Henschel, Krupp und Schwarzkopff geliefert. Es waren sehr gelungene Mehrzwecklokomotiven für Güterzüge und schwere Reisezüge auf den Strecken mit leichtem Oberbau in der westlichen Türkei vorgesehen. Es war eine Plattenrahmenkonstruktion, deren Kessel, Zylinder, Steuerung, Achslager, Bremsen und Führerhaus mit jenen der preußischen G 10 übereinstimmten und so für eine hohe Austauschbarkeit der Bauteile sorgte. Der maximale Achsdruck dieser Lokomotiven beschränkte sich, trotz der großen und leistungsfähigen Kessel, auf

Lok 55.043 im Depot Alasehir

Die Lokomotive 55.013 ist ein 1928 von der schwedischen Lokomotivfabrik Nohab (Nydqvist & Holm AB) gefertigter G 10-Nachbau. Hier zu sehen im Depot Usak

57.009 mit einem GmP von Alasehir nach Usak im Bahnhof Türkmentepe

Die Lokomotive 57.018 am 28.5.1987 bei einem Halt im Bahnhof Selcuk

Die im Depo Izmir stationierte Lok 57.009 durcheilt mit ihrem GmP die reizvolle anatolische Landschaft bei Ortaklar

Lok 57.009 mit einem Güterzug mir Personenbeförderung bei Esme

Auf ihrer Fahrt von Alasehir nach Usak wurde dieser von der 57.009 geführte GmP bei der Ausfahrt aus einem Tunnel bei Türkmentepe fotografiert

Ein von der Lok 57.009 geführter GmP durcheilt die karge Hochebene östlich von Killik

Die Lokomotive 57.009 auf einer Fischbauchträgerbrücke bei Killik

weniger als 13,5 t. Die indizierte Zugkraft betrug 18.950 kg und mit ihrem Treib- und Kuppelraddurchmesser von 1400 mm konnten sie eine Höchstgeschwindigkeit von 80 km/h erreichen.

Baureihe 44.001 – 083

Hinter der Baureihenbezeichnung dieser D-gekuppelten Zweizylinder-Heißdampf-Lokomotiven verbirgt sich nichts anderes als die seit 1902 in insgesamt 1.096 Exemplaren gefertigte preußische Güterzug-Baureihe G 8. Die ersten 46 Einheiten gelangten während des Ersten Weltkrieges als deutsche Hilfe in die Türkei. 1924 wurden die Lokomotiven 44.047 – 056 von Linke-Hoffmann als Nachbauten an türkische Bahnen geliefert. Die restlichen, offenbar noch aus preußischen Beständen stammenden und von den früher selbständigen türkischen Bahnen eingesetzten Fahrzeuge gelangten erst nach der Verstaatlichung zur TCDD. Es waren sehr robuste, unentbehrliche Maschinen mit 1350 mm Treib- und Kuppelraddurchmesser, 15.850 kg indizierter Zugkraft und einer Maximalgeschwindigkeit von 55 km/h. Eine der letzten Maschinen, die 1913 gebaute Lokomotive 44.079 (ehemals „4981 Münster" der Preußischen Staatsbahn), konnte 1987 in einer aufwändigen Rettungsaktion geschleppt auf eigener Achse zum Eisenbahnmuseum Darmstadt-Kranichstein überführt werden. Sie wurde aufgearbeitet und ist betriebsfähig erhalten.

Baureihe 46.101 – 106

Zwischen 1929 und 1932 lieferte die englische Lokomotivfabrik Robert Stephenson sechs 1' D 1'-Zweizylinder-Heißdampf-Schlepptenderlokomotiven an die Oriental Railway Company, die nach der Verstaatlichung von der TCDD übernommen wurden. Es handelte sich um eine sehr gelungene englische Konstruktion mit Plattenrahmen und Belpaire-Stehkessel für den Dienst auf Strecken mit leichtem Oberbau. Die im Raum Izmir eingesetzten Maschinen besaßen einen Achsdruck von nur 11,6 t, hatten einen Treib- und Kuppelraddurchmesser von 1575 mm, entwickelten eine indizierte Zugkraft von 9.250 kg und erreichten maximal 60 km/h Höchstgeschwindigkeit.

Die Lokomotive 44.069 im Jahr 1989 im Depot Burdur. Im Hintergrund eine der 1985 gebraucht erworbenen V 100 der DB, die als Baureihe DH 11 eingereiht wurde

Lok 44.071 im September 1987 im Bahnhof Gümüsgün

Die Lok 44.069 im Streckendienst zwischen Burdur und Egridir bei Gümüsgün

Tender voraus fährt die Lok 44.062 mit Personenzug von Burdur nach Gümüsgün

Seitenansicht der Lokomotive 46.105 auf einem Unterwegsbahnhof

Die Lokomotiven 46.105 und 57.011 im Jahr 1989 vor einem Reisezug im Bahnhof Camlik

Baureihe 45.001 – 062

Diese zwischen 1927 und 1935 in 62 Einheiten eingeführten 1' D-Zweizylinder-Heißdampflokomotiven waren der preußischen Baureihe G 8^2 sowohl in Abmessungen als auch Größe sehr ähnlich. Es waren die ersten wirklich leistungsfähigen Güterzug-Schlepptenderlokomotiven, die in die Türkei gelangten. Geliefert wurden acht Maschinen von der belgischen Firma Tubize und der Rest von Nohab in Schweden. Bis zur Lieferung der ersten 56er im Jahr 1937 bildeten diese Maschinen das Rückgrat des schweren Güterverkehrs, insbesondere auf den schwierigen, vom Schwarzen Meer ausgehenden Nord-Süd-Trassen. Die Maschinen erzeugten eine indizierte Zugkraft von 19.650 kg, hatten einen Treib- und Kuppelraddurchmesser von 1400 mm und erreichten 65 km/h Höchstgeschwindigkeit.

Baureihe 46.051 – 061

1937 erfolgte die Lieferung dieser elf 1' D 1'-Zweizylinder-Heißdampf-Maschinen durch die Kasseler Henschelwerke an die TCDD. Sie galten als die Vor-zeigelokomotiven in der Türkei und wurden für die Spitzenzüge im Reisezugverkehr hauptsächlich zwischen Istanbul und Ankara eingesetzt. Es waren Gebirgs-Schnellzuglokomotiven mit 1750 mm Treib- und Kuppelraddurchmesser, bei denen der Übergang zu den Baugrundsätzen der Deutschen Reichsbahn verwirklicht wurde. In der Tat hatten diese Maschinen, abgesehen von ihren größeren Rädern, der Höchstgeschwindigkeit von 100 km/h, etwas geringerem Achsdruck und kleinerem Tender eine große Ähnlichkeit zur deutschen Baureihe 41. Die leistungsstarken Maschinen entwickelten eine indizierte Zugkraft von 19.100 kg und wurden zum Schluss vom Depo Konya vor Reise- und Güterzügen überwiegend auf der Strecke nach Afyon eingesetzt. Als letzte dieser Reihe war die Lok 46.052 noch betriebsfähig.

Die Lokomotiven 45.001 und 45.017 im Jahr 1989 im Depot des Schwarzmeerhafens Eregli, der isolierten Einsatzstelle zur Bedienung der Stichbahn zu den Kohlenminen von Armutcuk

Lok 45.017 vor einem planmäßigen Personenzug bei der Ausfahrt aus dem Bahnhof Eregli

Lok 46.052 vor einem Güterzug nach Verlassen eines Tunnels bei Pozanti

Die 46.052 beim Rangieraufenthalt im Bahnhof Usak

Hier sehen wir Lok 46.052 vor einem Reisezug in der Nähe von Afyon

46.052 auf der Strecke in der Nähe von Banaz

Die 46.052 vor einem Reisezug in voller Fahrt bei Ulugüney

Baureihe 46.201 – 253

Zwischen 1942 und 1947 erhielten die TCDD insgesamt 53 Zweizylinder-Mikado-Heißdampf-Lokomotiven mit der Achsfolge 1' D 1'. Sie stammten aus einer Serie von 200 Maschinen, die von verschiedenen amerikanischen Herstellern an das britische War Department für den Kriegseinsatz im Nahen Osten bereitgestellt wurden. Diese in Anlehnung an ihren Einsatzraum als „Middle East" bezeichneten Lokomotiven waren typisch amerikanische Konstruktionen mit einem Treib- und Kuppelraddurchmesser von 1524 mm. Sie erbrachten 13.900 kg indizierte Zugkraft und liefen maximal 70 km/h. Es waren sehr brauchbare Maschinen, die in verschiedenen Einsatzstellen stationiert waren.

Baureihe 56.001 – 166

Diese Konstruktion war eine Zweizylinder-Heißdampf-Lokomotive mit der Achsfolge 1' E, die zwischen 1937 und 1949 an die TCDD geliefert wurde. Das erste Baulos von 77 Einheiten teilten sich die deutschen Lokomotivhersteller Henschel, Krupp,

Schwarzkopff und die Maschinenfabrik Esslingen. Weitere Lieferungen erfolgten von Vulcan und Skoda. Mit der Baureihe 46.051 – 061 hatten diese Maschinen zahlreiche Bauteile, wie beispielsweise Kessel, Zylinder, Führerhaus und Tender gemeinsam. Unterschiede gab es naturgemäß beim Laufwerk, dessen Treib- und Kuppelraddurchmesser nur 1450 mm betrug und eine Maximalgeschwindigkeit von 70 km/h ermöglichte. Die Lokomotiven hatten eine indizierte Zugkraft von 23.100 kg und besaßen einen Achsdruck von maximal 18,5 t. Damit waren sie für den Güterzugdienst und ebenfalls für den gemischten Dienst auf fast allen Strecken in den westlichen Landesteilen des Netzes verwendbar. Einige Loks erhielten Ölfeuerung. Die in verhältnismäßig großen Stückzahlen vorhandenen Maschinen verteilten sich auf zahlreiche Einsatzstellen.

Ein von der Lokomotive 46.226 geführter GmP auf einer der zahlreichen Rampenstrecken im anatolischen Hochland

Die Lokomotiven 46.226 und 56.516 in Doppeltraktion vor einem GmP in der Nähe von Turgutla

Die Lokomotiven 46.217 und 56.052 befördern einen Reisezug in der Nähe von Baglar

Ein Güterzug ist in einer kleinen Station zum Halten gekommen. Während die Lok 56.052 beim Depot Malatya beheimatet war, gehörte die 56.140 zur Einsatzstelle Sivas

Wild, zerklüftet und sehr einsam ist die Landschaft im Raum von Bagistas, welche die Lokomotiven 56.052 und 56.140 durchqueren

Die Lokomotiven 56.052 und 56.140 mit einem GmP irgendwo in der kahlen, menschenleeren Landschaft des anatolischen Berglands

56.052 und 56.140 in voller Fahrt durch die beeindruckenden Schluchten des Berglandes im Raum Alp

Die von Skoda gelieferte Lokomotive 56.140 des Depot Sivas hat mit ihrem GmP nach Durchfahren eines Tunnels eine kleine Fischbauchträgerbrücke überquert

In der kleinen Station Demirkapi gibt es für Lok 56.140 und ihren GmP einen Halt

Baureihe 56.301 – 388

In den Jahren 1947-1948 lieferten die Vulcan Iron Works insgesamt 88 Maschinen dieser 1' E-gekuppelten Zweizylinder-Heißdampflokomotiven. Diese Loks waren die leistungsfähigsten Dampflokomotiven, die bei der TCDD jemals im Dienst standen. Da die Maschinen mit der sehr großen Rostfläche von 5,37 m² ausgebildet waren, was das Leistungsvermögen eines Heizers überstieg, waren die Maschinen als einzige der TCDD mit einem mechanischen Stoker ausgerüstet. Mit einem Achsdruck von 19,8 t waren sie auch erheblich schwerer, als vergleichbare 1' E-Loks europäischer Herkunft. Diese großen Maschinen hatten einen Treib- und Kuppelraddurchmesser von 1450 mm, erreichten 70 km/h Höchstgeschwindigkeit und hatten 2.340 PS. Seit jeher waren sie vor allem auf der steigungsreichen Gebirgsstrecke zwischen den Bahnhöfen Zonguldak am Schwarzen Meer und Irmak heimisch. Sie beförderten schwere Kohlen- und Erzzüge zwischen den Steinkohlenminen an der Küste und den Stahlwerken in Karabük. Von englischen Dampflokfreunden wurden diese beeindruckenden Maschinen ob ihrer vom Führerhaus bis zur Rauchkammer durchlaufenden Domverkleidung auf den Namen „Skyliner" getauft.

Baureihe 56.501 – 553

Diese Baureihe war die deutsche Kriegslok der Reichsbahn-Baureihe 52, deren erste zehn Exemplare 1943 an die TCDD überstellt wurden. Bis Anfang 1944 folgten dann weitere 43 Reichsbahn-Maschinen, die zunächst als Leihloks deklariert, schließlich aber in das Eigentum der TCDD übergingen. Mit einem Achsdruck von nur 15,3 t waren sie als Universalloks auf allen Strecken mit leichtem Oberbau sehr geeignet. Dies galt vor allem für die Linien in der westlichen Türkei. Hinzu kam ihre einfache, sehr robuste Konstruktion, bei der auf alle für den Betrieb nicht unbedingt notwendigen Bauteile und Einrichtungen verzichtet worden war. Die Maschinen besaßen einen Treib- und Kuppelraddurchmesser von 1400 mm, eine Maximalgeschwindigkeit von 80 km/h und eine inzidierte Zugkraft von 20.400 kg. Man fand diese Lokomotiven sowohl im Reise- als auch im Güterzugverkehr und bis zur Verdieselung sogar vor internationalen Express-Zügen. Diese Loks waren in zahlreichen Depos beheimatet und gehörten zu den letzten von der TCDD planmäßig, aber auch vor Sonderzügen eingesetzten Dampflokomotiven.

Alle Aufnahmen Sammlung Paulitz

Lok 56 359 vor einem Sonderzug auf einer der zahlreichen Steinbrücken bei Collüce

Zusammen mit einer Lok der Baureihe 44.0 befördert die 1943 gebaute, ehemals bei der Deutschen Reichsbahn unter 52 366 eingereihte Lokomotive 56.513 einen GmP entlang den Ufern am Egirdir-Sees

Die Loks 56.513 und eine 44.0 verqualmen den von ihnen befahrenen Streckenabschnitt bei Egirdir

Die in Doppeltraktion fahrenden Lokomotiven 56.513 und 44.0 vor der beeindruckenden Kulisse am Egirdir-See

Lokomotive 56.513 auf der Fahrt von Sivas nach Kangal bei einem Halt im Bahnhof Kazanpinar

Die Lz fahrende Lok 56.517 (ex. Lok 52 4856 der Deutschen Reichsbahn) hat Kreuzung in einem kleinen Unterwegsbahnhof

Die Lokomotive 56.517 im Mai 1989 vor einem GmP bei Kaklik

Lok 56.516 (ex. Lok 52 4855 der Deutschen Reichsbahn) vor einem GmP beim Wasserhalt im Bahnhof Sadikli

Die 1943 bei den Kasseler Henschel-Werken gebaute Lok 56.516 und eine Maschine der Baureihe 57.0 mit ihrem GmP beim Halt auf einem kleinen Bahnhof

Die 1944 von der Lokomotivfabrik Floridsdorf gebaute 56.548 (ex. 52 7429 der DR) mit einem GmP bei Kapaklar

Die Lokomotive 56.513 des Depot Afyon befördert einen GmP durch das einsame anatolische Hochland

Lok 56.513 legt sich mit einem GmP in voller Fahrt bei Dinar in die Kurve

Die Maschinen 56.516 und 46.226 in der Nähe von Horozköy

Ein Fiat-Traktor muss bei Usak auf die Vorbeifahrt der Lokomotiven 56.517 und 55.043 warten

Die Lokomotiven 56.517 und 55.043 irgendwo in der menschenleeren Gegend des anatolischen Hochlandes

Weitere Bücher
unseres Verlages

Fordern Sie unser Gesamtverzeichnis an mit Büchern über **Autos**, **Motorräder**, **Lastwagen**, **Traktoren**, **Feuerwehrfahrzeuge**, **Baumaschinen** und **Lokomotiven**:

Verlag Podszun Motorbücher GmbH
Elisabethstraße 23-25, 59929 Brilon
Telefon 02961-53213, Fax 02961-9639900
Email info@podszun-verlag.de
www.podszun-verlag.de

Der Bogen wird von der Vorgeschichte der deutschen Eisenbahn vor 175 Jahren bis heute gespannt.

136 Seiten, 300 Abbildungen
28 x 21 cm, fester Einband
Bestellnummer **556**　EUR **19,90**

Eisenbahngeschichte des Ruhrgebiets und Deutsche Bundesbahn an Ruhr und Emscher.

144 Seiten, 200 Abbildungen
28 x 21 cm, fester Einband
Bestellnummer **419**　EUR **24,90**

Die wichtigsten deutschen Baureihen aller Dampf-, Elektro- und Diesellokomotiven.

144 Seiten, 290 Abbildungen
28 x 21 cm, fester Einband
Bestellnummer **382**　EUR **19,90**

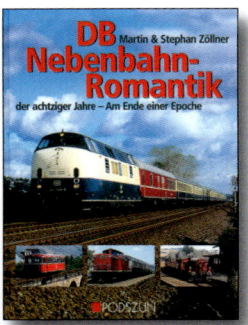

Die Nebenbahnromantik der achtziger Jahre anhand typischer Strecken.

144 Seiten, 350 Abbildungen
28 x 21 cm, fester Einband
Bestellnummer **329**　EUR **24,90**

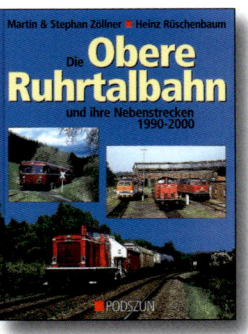

Die Geschichte der Oberen Ruhrtalbahn und ihrer Nebenstrecken bis in die heutige Zeit.

152 Seiten, 300 Abbildungen
28 x 21 cm, fester Einband
Bestellnummer **296**　EUR **24,90**

Versuchstriebwagen von 1901 bis zu den hochtechnisierten Typen von heute.

144 Seiten, 320 Abbildungen
28 x 21 cm, fester Einband
Bestellnummer **354**　EUR **19,90**

Die Grundzüge und Einsatzgeschichte der ehemaligen Baureihen ETA 150 und VT 98.

152 Seiten, 315 Abbildungen
28 x 21 cm, fester Einband
Bestellnummer **496**　EUR **24,90**

Ein spannender Bildband, ein Mix aus Technik, Landschaft und Industrie.

152 Seiten, 280 Abbildungen
28 x 21 cm, fester Einband
Bestellnummer **391**　EUR **24,90**

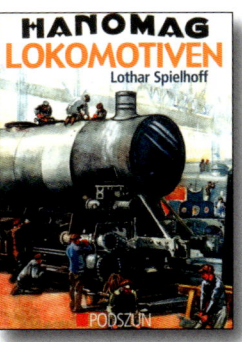

Die ruhmreiche Geschichte des Lokomotivenbaus bei Hanomag mit allen Besonderheiten.

192 Seiten, 340 Abbildungen
28 x 21 cm, fester Einband
Bestellnummer **352**　EUR **29,90**

Schienengebundene Löschfahrzeuge, Rettungszüge der Bahn, Rüstwagen, Straßenfahrzeuge ...

180 Seiten, 450 Abbildungen
28 x 21 cm, fester Einband
Bestellnummer **688**　EUR **29,90**

Zahlreiche Fotografien und viele
andere Dokumente des legendären Krupp Titan.

144 Seiten, 290 Abbildungen
24 x 17 cm, Leinenbroschur
Bestellnummer **616**   EUR **14,90**

Prospekte, Datenblätter, Maß-
zeichnungen, Testberichte und
eine Menge unbekannter Fotos.

144 Seiten, 285 Abbildungen
24 x 17 cm, Leinenbroschur
Bestellnummer **647**   EUR **14,90**

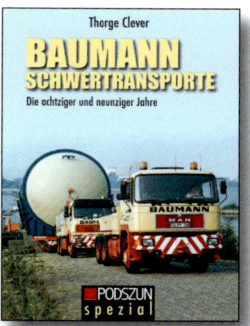

Spektakuläre Schwertransporte
aus den 1980er und 1990er Jahren
und die interessantesen Fahrzeuge.

144 Seiten, 270 Abbildungen
24 x 17 cm, Leinenbroschur
Bestellnummer **581**   EUR **14,90**

Kurzgefasste Geschichte und
spannende Schwertransporte aus
den 1980er und 1990er Jahren.

144 Seiten, 285 Abbildungen
24 x 17 cm, Leinenbroschur
Bestellnummer **615**   EUR **14,90**

Die atemberaubende Technik
der TII-Gruppe, des weltweit führenden Schwerlastspezialisten.

180 Seiten, 550 Abbildungen
28 x 21 cm, fester Einband
Bestellnummer **557**   EUR **29,90**

Dokumentation aller 88 Geräte
der einzigartigen und längst
legendären Kranfamilie.

180 Seiten, 510 Abbildungen
28 x 21 cm, fester Einband
Bestellnummer **588**   EUR **29,90**

Allradfahrzeuge mit drei oder
vier Achsen, die man nicht alle
Tage zu sehen bekommt.

144 Seiten, 290 Abbildungen
24 x 17 cm, Leinenbroschur
Bestellnummer **564**   EUR **14,90**

Vergangenheit und Gegenwart des
größten Kranverleihers und
Schwerlastspediteurs am Rhein.

180 Seiten, 460 Abbildungen
28 x 21 cm, fester Einband
Bestellnummer **602**   EUR **29,90**

Alle Omnibusmodelle von Ma-
girus mit umfangreichem Daten-
und Bildmaterial.

288 Seiten, 850 Abbildungen
28 x 21 cm, fester Einband
Bestellnummer **685**   EUR **39,90**

Geschichte und Technik der
Turmdrehkrane und faszinieren-
de Bilder spannender Einsätze.

170 Seiten, 510 Abbildungen
28 x 21 cm, fester Einband
Bestellnummer **560**   EUR **29,90**

Der Unimog im Baueinsatz und
seine Ausrüstungen von den
Anfängen bis heute.

180 Seiten, 470 Abbildungen
28 x 21 cm, fester Einband
Bestellnummer **390**   EUR **29,90**

Besondere Einsätze und techn.
Highlights der Schwerlastszene
der 1980er und 1990er Jahre.

144 Seiten, 290 Abbildungen
28 x 21 cm, fester Einband
Bestellnummer **591**   EUR **24,90**